삼백육십도 이야기

Stories of 360° Country Club

삼백육십도 이야기

승효상의 클럽하우스 만들기+360도의 퍼블릭 골프장 만들기

suryusanbang
2012

〔360**도 컨트리클럽**〕 경기도 여주군 강천면 부평리 산59-3
〔건축주〕 **정유천**(제이타우젠트)
〔클럽하우스 설계〕 **승효상**(이로재)
〔코스 설계〕 **브라이언 코스텔로**(JMP그룹)

삼백육십도 이야기

승효상의 클럽하우스 만들기 + 360도의 퍼블릭 골프장 만들기

suryusanbang
2012

삼백육십도 이야기 | 승효상의 클럽하우스 만들기＋360도의 퍼블릭 골프장 만들기
© **수류산방** 樹流山房 엮고 펴냄 〔자료 제공 | 360도 컨트리클럽＋이로재〕〔사진 | 김기태, 김종오, 장우철, 하보람〕〔글 | 전봉희, 이다겸, 장우철〕
Produced & Published by Suryusanbang, 2012
초판 1쇄 발행 2012년 5월 14일

수류산방 樹流山房 **Suryusanbang** 〔등록 | 2004년 11월 5일(제300-2004-173호)〕
〔주소 | 서울 종로구 청운동 57-51〕〔**A.** 57-51, Cheongun-dong, Jongno-gu, Seoul, KOREA〕〔전화 | **T.** 02 735 1085〕〔팩스 | **F.** 02 735 1083〕
프로듀서 | 박상일 〔Producer | PARK Sangil〕
발행인 및 편집장 | 심세중 〔Publisher & Editor in Chief | SHIM Sejoong〕
크리에이티브 디렉터 | 朴宰成 〔Creative Director | PARK Jasohn〕
이사 | 김범수(편집), 박승희(마케팅), 최문석(연구) 〔Director | KIM Bumsoo, PARK Seunghee, CHOI Moonseok〕
편집 도움 | 민소연 〔Contributing Editor | MIN Soyeon〕
디자인팀 | 변우석 〔Design Team | BYUN Wooseok〕
출력 · 인쇄 | (주)대성출력(T. 02 2268 7478)

값 36,000원 〔ISBN 978-89-91555-30-3 03610〕 Printed in Korea, 2012

〔360° Country Club〕 삼백육십도 이야기

승효상의 클럽하우스 만들기+360도의 퍼블릭 골프장 만들기

360° – Earth – Water – Flower – Wind

〔360**도 컨트리클럽**〕

○ 클럽하우스

대지 위치 : 경기도 여주군 강천면 부평리 산59-3번지 외

대지 면적 : 818,806.00m²

건축 면적 : 4,999.04m²

연면적 : 9,566.81m²

설계 기간 : 2008. 9. ~ 2010. 3.

공사 기간 : 2010. 4. ~ 2011. 8.

설계 : 승효상(이로재)

구조 : 서울구조

기계 : ㈜세아엔지니어링

전기 : 우림전기

시공 : JT건설

○ 코스

설계 : 브라이언 코스텔로(JMP그룹)

시공 : 삼성에버랜드

○ 잔디 종류

Teeing Ground : 켄터키 블루그라스

Fairway : 켄터키 블루그라스

Green : 벤트그라스(T1)

Rough : 파인페스큐 외

〔360° Country Club〕 삼백육십도 이야기
승효상의 클럽하우스 만들기+360도의 퍼블릭 골프장 만들기
360° - Earth - Water - Flower - Wind

서울에서 50분 정도 거리의 여주 마감산 자락에 들어선 360도 컨트리클럽. 클럽하우스 공사가 한창 마무리 중인 2011년 7월 8일에 촬영.

〔360° 地水花風〕-01 **지수화풍 360도 컨트리클럽 이야기** ○ 이 시공을 채우는 여린 풀꽃부터 우람한 태산까지, 모두 고유한 제 이름을 가집니다. 하지만 다시 그들은 네 가지의 특별한 이름 아래 모여, 인간이 깨닫고 기대며 사랑하고 경외하는 위대한 자연을 이루어 냅니다. 땅과 물, 꽃과 바람이 그것입니다. 그 아름다운 이름들을 빌려와, 또 드넓게 펼쳐진 모든 장소와 순환을 상징하는 '360도'라는 단위를 더했습니다. **지수화풍 360도 컨트리클럽**에는 자연에 가장 가까이 다가가 하나 되려는 우리의 열망과, 동시에 자연 그 자체가 오롯이 함께 있습니다. 그리하여 이것은, 극적으로 자연을 만나고야 마는 어떤 시공의 이야기입니다. ○ 2011년 12월에 문을 연 **지수화풍 360도 컨트리클럽**은 서울에서 50분 정도 떨어진 경기도 여주에 자리잡은 PAR 72, 총연장 7,036야드의 국제 규격 퍼블릭 컨트리클럽입니다. 코스는 미국을 비롯하여 아시아 지역에 월드 클래스 수준의 골프 코스 설계를 해 많은 화제가 되었던 JMP의 **브라이언 코스텔로**(Brian Costello)가 설계했습니다.

일상과 일탈, 건축과 자연의 관계를 마을이란 개념으로 풀어 낸 승효상의 360도 컨트리클럽 클럽하우스. 2011년 8월 6일 촬영.

지수화풍 360도 컨트리클럽 이야기 ○ 그리고 **지수화풍 360도 컨트리클럽**의 클럽하우스는 "이 시대에 우리의 건축은 무엇인가"라는 화두로 수많은 프로젝트를 진행해 온 건축가 **승효상**이 맡아 자연에 한껏 어우러진 공간을 재현했습니다. 도시에서 자연으로 가는 관문이며 일상에서 비일상으로 바뀌는 가운데에 있는 클럽하우스. 그 공간 고유의 공동체적 기운을 하나의 마을로 풀어 낸 승효상의 건축은 자연을 닮았고 인간을 품습니다. ○ 일상이 되어 버린 도시 환경 안에서 우리는 늘 일상적이지 않은 것들을 꿈꿉니다. 일상적이지 않은 그리움 중 가장 큰 아름다움은 당연히, 그러나 기이하게도 가장 자연스러운 것, 바로 자연입니다. 아련한 기억을 부르는 흙냄새와 물소리, 불길처럼 번지는 꽃 향기와 바람소리는 우리로 하여금 잊고 있던, 잃어 버리고 있던 소중한 것들을 바라보게 하지요. **지수화풍 360도 컨트리클럽**에서는 숨가쁜 도시의 속도, 그리고 반복된 일상의 피로가 잠시 보이지 않습니다. 우리 눈에 보이는 풍경이 너무나 소중한 까닭입니다. °

360도 컨트리클럽 클럽하우스로 올라가는 길 모형.

〔**차례** Table of Contents〕- 0 - 정유천 대표이사에게 듣는 지수화풍 360도 컨트리클럽 이야기 〔글 이다겸〕

〔360° 人〕- 360도CC는 지수화풍인地水花風人이 소통하는 곳

〔차례 Table of Contents〕-1- 한 유미주의자의 360도 산보 〔글 장우철〕

〔地 Earth〕 360도 컨트리클럽을 봄에 갔다

〔水Water〕 클럽하우스, 가장 퍼블릭한 것의 기품과 배려 | 코스텔로의 360도 골프 코스 이야기

〔花 Flower〕 자연과 하나 되는 작은 마을, 360도

360도 컨트리클럽 클럽하우스의 바깥쪽 전경. 북쪽에서 바라보았다.

〔360° Country Club〕 삼백육십도 이야기
승효상의 클럽하우스 만들기+360도의 퍼블릭 골프장 만들기
360° - Earth - Water - Flower - Wind

남서쪽 필드에서 바라본 360도 컨트리클럽 클럽하우스의 안쪽 전경.

클럽하우스는 여러 채의 낮고 긴 집들이 중첩된 모양이다.

↑ 마치 햇볕이 떨어지는 마을의 골목길을 걷는 듯한 360도 클럽하우스의 내부 복도.
→ 게스트하우스 옥상의 다목적 공간. 그 곳에 서면 바람과 풍광이 함께 스쳐 지나간다.

↑ 북서쪽에서 바라본 360도 클럽하우스 모형.

→ 동쪽에서 본 360도 클럽하우스 모형. 여러 채의 집들이 옹기종기 모여 있는 작은 마을의 느낌이다.

〔360° Country Club〕 삼백육십도 이야기
승효상의 클럽하우스 만들기+360도의 퍼블릭 골프장 만들기
360° - Earth - Water - Flower - Wind

EARTH
WATER
FLOWER
WIND
360
COUNTRY CLUB

〔360° 人〕 360° Country Club

Introducing 360° Earth Water Flower Wind Country Club

Opened in December 2011, 360° CC with PAR 72, full length 7,036 yard is a international standard public country club located in Yeoju, Gyunggi-do, about 50-minute's drive from Seoul. 360° CC is special from its name. The concept came from the Orient nature-friendly idea, reinterpreting the four basic elements (earth, water, fire,wind) into 360° Earth Water Flower Wind Country Club harmonizing with nature. The name reveals the peaceful coexistence of Earth Water Flower(homophone with 'Fire' in Chinese character) Wind in 360° wide open space to feel borderless freedom.

The golf course is designed by Brian Costello at JMP, who has earned the reputation with several world-class golf course designs around Asia and the U.S. Seung Hyo-Sang, the renowned architect for his various projects concerning on the topic of 'What our architecture of the age should be', joined to design the clubhouse at 360° CC creating the space in full harmony with nature. The clubhouse is to become the entrance from the city to the nature, from ordinary life to extra-ordinary. Seung Hyo-Sang has changed the community energy of the space itself into a village-figured architecture, which resembles Nature to embrace the human.

〔360° 人〕 이 책과 360° 컨트리클럽을, 아버지께 올립니다

외부 자본이나 멤버십의 방식을 택하지 않고 수준 높은 퍼블릭 골프장을 끈기 있게 만들고자 했던 정유천 대표의 의지가 실현될 수 있었던 첫 단추는 부친 정동섭 회장의 이해와 지원 덕분이었다.

〔360° 人〕 360° CC는 지수화풍인地水花風人이 소통하는 곳

〔퍼블릭 컨트리클럽 만들기〕

CEO 정유천 대표이사에게 듣는 지수화풍 360도 컨트리클럽 이야기

〔360° 人〕 **정유천** 대표 인터뷰 | "**360도 CC는 지수화풍인(地水花風人)이 소통하는 곳**"

글 | **이다겸** | 골프 칼럼니스트, 골프 스토리텔러

360° - Earth - Water - Flower - Wind

〔360° 人〕- 01 **1번 홀 : 360도 이야기의 시작** ○ **만만치 않아 보이는 내리막 스타트 홀로 시작한다. 어떤 계기로 골프장을 티오프하게 되었나?** ○ 햇볕 아래 맑은 공기 마시며 땀 흘릴 수 있는 아웃도어 스포츠를 좋아한다. 360도 골프장의 모기업인 태림포장, 동일제지 등에서 근무할 때는 주로 실내에서 일해야 했는데, 업무 환경에 답답함을 느꼈다. 광활한 대자연을 몸과 마음으로 느끼며 더불어 살고 싶었다. 2003년 골프장 사업을 하기로 결심하고 인수 작업에 들어갔다. 좋은 골프장을 찾아 2년 넘게 전국을 샅샅이 돌아다녔다. 그러나 인연을 만들지 못했다. 결국 내가 꿈꾸는 골프장은 내 스스로 만들어야 한다는 결론에 도달했다. 백지에서 그리기로 마음을 먹고 마땅한 부지 찾기에 나섰다. 2005년에 360도 골프장이 자리 잡은 곳, 경기도 여주군 강천면 부평리 마감산 자락을 만나게 된다.

〔360° 人〕- 02 **2번 홀 : 지수화풍 360도, 이름 이야기** ○ **지수화풍(地水花風) 360도, 이름이 독특하다. 숫자로 골프장 이름을 정했는데, 뭔가 특별한 사연이 있을 것 같다.** ○ 처음과 끝이 맞닿는 360도, 모든 것이자 아무것도 아닌, 그래서 시작도 끝도 알 수 없는 0으로 돌아가는 곳, 360도. 너무 철학적인가?(웃음) 사실 골프장 이름을 지어야 했을 때 내 요구 사항은 한 가지였다. 가능하면 '골프장 같지 않은 이름'을 짓자는 거였다. 다른 골프장과 비슷한 단어들을 조합해 가지고서는 우리가 추구하려는 색다른 면이 알려지기 힘들 것이라는 생각이 들었다. 백여 가지의 후보 이름을 꼽아 보고서야 최종적으로 360도를 선택했다. '360도'는 열린 이름이다. 누구나 그 뜻을 얼마든지 나름대로 풀이해도 좋다. 360도는 모든 방향으로 열린 공간이 아닌가. 여기에 동양 철학에서 만물의 근원이 되는 다섯 원소 지수화풍공(地水火風空)의 의미를 추가했다. 골프장 이미지와 좀 어울리지 않겠다 싶은 화(火)를 동음이의어인 화(花)로 바꿨을 뿐이다. 불꽃이라고, 어쩌면 불도 꽃도 뜨겁고 붉은 에너지니까. 그렇게 해서 지금의 地水花風(Earth, Water, Flower, Wind) 360°가 탄생하게 된다. 이 곳에서 자연 '속'의 '골퍼'가 아닌, 자연의 '일부'가 된 '인간'으로서 자연과 소통하게 하고 싶은 거다, 그게 우리가 추구하려는 색다른 면이다. 나부터도 그렇고 또 함께 그러고 싶다.

〔360° 人〕-03

3번 홀 : 난관과 교훈 ○ **핸디캡 1번 홀이다. 해저드를 건너는 티샷과 블라인드 내리막 그린을 공략해야 한다. 7년 동안의 360도 건설 과정에서 가장 힘들었던 핸디캡 1번을 꼽는다면?** ○ 지난 2010년 추석 폭우 때다. 360도 골프장은 특히 잔디에 많은 투자를 했다. 골프장의 바탕은 모름지기 잔디라고 생각했기 때문에 코스의 잔디를 가꾸는 데는 힘을 아끼지 않았다. 퍼블릭 골프장이라는 말이 무색하게 페어웨이 양잔디를 선택했고, 잔디의 생장에 가장 중요한 요소인 배수를 고려해 모래도 다른 골프장의 두 배 넘게 두텁게 깔았다. 덕분에 추석을 앞두었을 때 코스 잔디는 탄력 짱짱한 카펫처럼 힘을 받으며 무럭무럭 자라고 있었다. 2010년 추석 집중 호우, 기억하시는 분도 있을 거다. 갑자기 쏟아 부은 폭우로 몇 개 홀이 완전히 파손되었고 엄청나게 많은 잔디들이 유실되었다. 퍼붓는 장대비 속에서 직원들과 몇 날 며칠 사투를 벌였지만 자연의 섭리 앞에 인간의 한계는 명백했다. 그 때문에 그랜드 오픈도 연기되었다. 당시엔 큰 좌절이었다. 지나고 보니 그보다 값진 가르침이 없다. 자연 앞에 미약한 인간의 힘을 똑똑히 알게 되었다. 늘 겸손하게, 겸허하게 살아야 한다는 마음을 갖게 되었다.

[360° 人]-04

4번 홀 : 공공성을 향한 모험 ○ **사실 퍼블릭 골프장은 자기 자본이 충분한 기업만이 건설할 수 있다. 하지만 안타깝게도 한국 골퍼들에게 퍼블릭은 평가 절하의 대상이 되기도 한다. 회원제가 아닌 퍼블릭을 선택한 이유는 무엇인가?** ○ 2012년 지금, 한국의 골프장 산업은 뚜렷한 하강 곡선을 그리고 있다. 회원권을 미리 팔아서 그 돈을 종자돈으로 삼아 골프장 사업을 해 오던 방식은 갈수록 어려워질 수밖에 없다. 엄청난 부채를 안고 하루가 다르게 경쟁이 치열해지는 골프장 사업을 하는 것은 무리라고 판단했다. 또 그런 방식이 골프에 대한 부정적 인식을 키우는 데 한몫 하지 않았나. 모든 골프장에서 너나없이 '특별함'을 쉽게 말한다. 진정한 특별함은 그런 게 아닐 거다. 우리 누구나의 눈앞에 열려 있는 자연이 이다지도 특별한 것처럼 말이다. 우리는 충분한 시간을 갖고 자기 자본을 확보했다. 1원의 부채도 없이 360도 골프장을 완공했다. 주변 여건에 견주어 보거나 쫓기지 않고 우리 나름의 골프장 개념과 경영 원칙을 지켜 나가려고 애썼다. 지금 생각해 봐도 백번 잘한 선택이었던 것 같다.

[360° 人] **정유천** 대표 인터뷰 | **"360도 CC는 지수화풍인(地水花風人)이 소통하는 곳"**

글 | **이다겸** | 골프 칼럼니스트, 골프 스토리텔러

360° – Earth – Water – Flower – Wind

〔360° 人〕-05 **5번 홀 : 특별한 상식** ○ **경기도 여주에서 퍼블릭 골프장으로 생존하기 위해서는 360도 만의 차별성이 필요할 것이다. 향후 생존과 발전을 위한 360도의 '승부수'는 무엇인가?** ○ 알다시피 360도는 골프장 사업의 후발 주자다. 지리적으로 서울 강남권으로부터 멀지도 가깝지도 않은 '여주'라는 위치 또한 애매하다. 코스와 서비스에 대한 철저한 차별화로 우리 나름대로의 존재감을 만들어갈 것이다. 과거의 퍼블릭 코스들과는 격이 다른 골프장으로서, 급이 다른 서비스를 제공할 것이다. 물론 누구든 차별화를 말한다. 그것이 단숨에 될 거라고 생각하지 않는다. 일단 골프장의 하드웨어라 할 수 있는 코스와 클럽하우스는 우리의 구상대로 완성되었다. 그것도 어려웠지만, 차라리 단숨에 되는 것에 속한다. 이제 소프트웨어라고 할 수 있는 서비스를 확실하게 차별화할 것이다. 이것은 보이지 않고 꾸준한 것이다. 그러니까 철저해야 하는 거고. 우리는 무엇이든 손님 입장에서 가장 '상식적인' 해법을 마련하려 한다. 기대하셔도 좋다.

〔360° 人〕- 06 **6번 홀 : 세 친구** ○ **첫 번째 버디(birdie)를 축하한다. 대단한 장타자이면서 샷도 정교한 것 같다. 당신 인생 최고의 버디(buddy)는 누구인가?** ○ 사실 내가 CEO를 맡고 있지만 360도 골프장을 다진 것은 나를 포함한 서울고등학교 친구 3인방이다. 현재 360도의 자금 부분을 담당하는 곽재인 상무와 인허가를 담당하는 차권형 전무가 그들이다. 내가 먼저 골프장 사업을 함께 해 보자고 친구들을 부추겼다. 세 명 모두 골프장 사업은 처음이었다. 하지만 믿음으로 다져진 죽마고우와 함께한다면 못할 것이 없을 거라는 용기도 들었다. 용기를 내게 해 주는 게 친구이고 도반 아닌가. 지금도 모든 의사 결정은 함께 한다. 서로의 장점을 살리며 돕고 분담한다. 대립이나 부딪힘 없이 수평적 리더십으로 360도를 이끌고 있다.

〔360° 人〕 **정유천** 대표 인터뷰 | "360**도 CC는 지수화풍인(地水花風人)이 소통하는 곳**"
글 | **이다겸** | 골프 칼럼니스트, 골프 스토리텔러
360° – Earth – Water – Flower – Wind

〔360° 人〕-07 **7번 홀 : 디테일과 시그니처, 양극단은 통한다** ○ **360도를 대표하는 홀(시그니처홀) 중 하나라고 들었다. 산 중턱에 위치한 골프장에서 보기 힘든 반 아일랜드 형 그린이라서 건설에 난관이 많았을 것 같다. 이 홀을 360도 대표홀로 선정한 이유는 무엇인가?** ○ 열 손가락 깨물어서 안 아픈 손가락 없다지만 특히 7번 홀과 15번 홀은 계획 단계에서부터 시니그니처 홀 후보로 정하고 공을 들였다. 7번 홀은 돌담을 쌓고 그 위에 그린을 올려 섬처럼 만들었다. 돌담도 흔히 구하기 쉬운 발파석을 이용하지 않고 현장에서 나온 자연석을 모아 만들었다. 인위적 느낌을 최대한 배제하기 위해서였다. 돌담도 체인에 돌을 감아 조각품을 만들듯이 하나하나씩 쌓아 올렸다. 더디지만 자연스럽고 단단하게 만들었다. 지금도 그 담들을 볼 때마다 과정이 힘들수록 그 결과물은 그만큼의 값어치가 더해진다는 사실을 새삼, 또 새삼 느낀다. 언뜻 보기에는 품에 잠든 아이처럼 편안하고 고요하지만, 막상 플레이를 하려고 들어서면 저 작은 그린 위에 과연 볼을 세울 수 있을까 걱정이 앞서는 양면성을 가진 멋진 홀이 완성되었다.

360도 컨트리클럽의 정유천 대표. 부평리의 농부, 또는 우리 나라 골프장 가운데 가장 선도적인 건축과 코스 디자인을 실현하게 한 건축주.

〔360° 人〕- 08 **8번 홀 : 디자인, 처음과 끝** ○ **세컨드 샷에서 선택의 기로에 선다. 과감하게 도전할 것인가? 안전하게 잘라서 갈 것인가? 클럽 선택이 가장 어려운 홀 중에 하나다. 360도 CC를 완공하기까지 가장 큰 선택의 기로는 무엇이었는가?** ○ 선택이 가장 어려웠던 순간은 역시 처음 큰 그림을 어떻게 그릴지, 누구에게 맡길지 결정할 때였다. 특히 우리는 코스 디자인과 클럽하우스 설계 단계에 고민에 고민을 거듭했다. 코스와 클럽하우스가 각각 개성이 있으면서도 서로 보완적이며 통일성이 있었으면 싶었다. 최적의 코스 디자이너와 클럽하우스 설계자를 찾기 위해 공부도 하고 많은 곳을 직접 가 보기도 했다. 그리고 최종 순간 우리가 최적의 디자이너, 설계자라고 결정한 두 분을 선택하고 삼고초려의 자세로 부탁을 드렸다. 코스 디자인과 클럽하우스 설계는 한번 선택하고 나면 돌아갈 수 없는 길이 아닌가.

공사 도중에 찍은 항공 사진. 맨 오른쪽 아랫 부분에 클럽하우스가 앉혀질 자리가 보인다.

[360° 人] **정유천** 대표 인터뷰 | "360도 CC는 지수화풍인(地水花風人)이 소통하는 곳"
글 | **이다겸** | 골프 칼럼니스트, 골프 스토리텔러
360° - Earth - Water - Flower - Wind

〔360° 人〕-09 **9번 홀 : 친환경 시설** ○ **뭔가에 홀린 듯 전반 홀을 마쳤다. 4번 홀을 제외한 모든 홀에 워터 해저드가 있었다. 고도가 높아 물의 확보가 쉽지 않았을 법하다.** ○ 깊은 산에 위치해 있지만 360도는 다행히도 물이 좋은 골프장이다. 6킬로미터 밖의 섬강에서 매일 2,500톤의 물이 유입되어 산꼭대기 물 탱크를 통해 잔디에 급수되거나 아래로 흘러내린다. 코스의 계류들이 모이는 클럽하우스 앞 대형 폰드는 360도의 비주얼을 담당하는 얼굴 마담도 된다. 화학적 방식으로 오수를 처리하지 않고 미생물을 사용하는, 새로운 친환경 방식을 도입했다. 김진석 박사가 고안하고 전북대학교 김재식 교수팀이 설치를 맡았는데 국내 골프장 최초로 시도하는 모험이다. 더디 가더라도 자연의 정화 원리를 따르고 싶어 선택한 것이다.

〔360° 人〕-10 **10번 홀 : 자연에 따르겠다는 진심** ○ **편안한 느낌을 주는 후반 첫 홀이다. 조각상처럼 예쁘게 다듬어 놓은 골프장들과는 달리 그냥 산속에, 숲속에 들어와 있는 듯한 느낌이 든다.** ○ 코스 조성 단계부터 360도만의 '생태 숲' 프로젝트를 추진했다. 큰 그림에서 코스를 유심히 보면 14번 홀과 16번 홀 사이, 1번, 3번, 5번, 6번 홀 좌측으로 산꼭대기에서부터 산 아래 계곡까지 자연림이 끊어지지 않고 숲을 이루고 있다는 사실을 알 수 있을 것이다. 고속도로를 건설할 때 야생 동물들이 이동할 수 있도록 생태 통로를 만드는 것처럼 우리도 이 골프장 안에 생태 숲 통로를 만들었다. 아무리 조심한다고 해도 골프장을 조성하는 과정에서는 불가피하게 자연의 일부를 훼손할 수밖에 없는 것이 사실이다. 이를 완전히 복원하기는 어렵지만 원주인인 자연을 예우하며 함께 살아가고자 하는 우리의 진심이 담긴 프로젝트였다.

코스 설계자인 브라이언 코스텔로는 외부의 간섭 없이 기량을 한껏 발휘했다.

〔360° 人〕- 11 **11번 홀 : 360도를 만든 사람들** ○ **승효상과 JMP의 브라이언 코스텔로, 디자인포커스 등 그 이름만으로도 360도가 얼마나 설계와 디자인에 신경을 썼는지 짐작할 수 있다. 360도 골프장을 관통하는 핵심 개념, 이미지는 무엇인가?** ○ 첫 삽을 뜰 때부터 머리 속으로 구상해 오던 나만의 그림이 있었다. 겉치레 없이 단순하지만 짜임새 있는 클럽하우스, 정통 골프 코스의 특성을 살리면서도 매 홀 나름대로의 개성 있는 스토리를 들려주는 코스, 간결하지만 무한 확장성을 가진 브랜드 등이다. 지난 7년 동안 퍼즐을 맞추듯 이런 요소들을 하나씩 찾아서 끼워 맞췄다. 내 머리 속에 각인되어 있던 나만의 그림이었기 때문에 누군가 대신할 수 있는 부분이 아니었다. 코스, 클럽하우스, 홀별 스토리, 브랜드 네임 등 개별 요소들을 일관된 하나의 톤으로 정리하는 것 또한 내 몫이었다. 모든 영역을 관통하고 있어야 했다. 그러다 보니 작은 것까지 신경을 많이 썼다.

12번 홀 : 코스 디자인 선택의 극적인 이야기 ○ **얼핏 보면 12번 홀은 10번 홀과 쌍둥이처럼 닮았지만 세부 구성은 전혀 다른 것 같다. 브라이언 코스텔로의 코스 디자인은 까다로운 것으로 정평이 나 있다. 어떤 인연으로 그를 선택했나?** ○ 골프의 정통성과 현대적 코스 느낌을 동시에 가지고 있는 코스텔로 스타일이 내가 그리던 코스와 가장 흡사했다. 하지만 당시에 코스텔로가 설계한 블랙스톤 이천이 개장하지 않은 무렵이었다. 그가 설계한 코스를 직접 보고 체험해 보려고 여러 차례 미국과 일본 현지 답사를 다니며 신중하게 다가갔다. 코스 디자인 계약은 일본에서 체결했다. 치바 현, 니가타 현, 도치키 현에 그가 설계한 칼레도니언 골프장, 벨라티오 골프장, 나스 치후리코 골프장이 있다. 같이 돌며 며칠 동안 내기 골프를 쳤다. 그리고 마지막 날 밤 다다미방에 협상 테이블을 마련했다.

○ 협상은 새벽 2시까지 이어졌다. 두 시쯤 되자 코스텔로의 자세가 뒤틀리기 시작했다. 계획된 시나리오였다. 서양인에게 다다미방 좌식 자세는 한계가 있었다. 결국 우리가 제시한 파격적인 가격에 계약이 체결되었다. 대신 코스텔로가 조건을 붙였다. 코스 디자인 및 그에 따른 외국 감독관, 조형 전문가는 전적으로 디자이너 재량에 맡겨 달라는 것이다. 브라이언 코스텔로는 코스 디자인의 베테랑답게 골프 코스를 디자인할 때 가장 큰 장애 요소가 골프장 오너의 입김이라는 사실을 잘 알고 있었다. 하지만 그것은 마침 나 또한 바라던 바였다. 코스 디자이너의 재능과 혼이 한껏 담긴 골프장을 원했기 때문이다. 그렇게 JMP 코스텔로가 누구의 개입도 없이 오로지 자신의 구상대로 자유롭게 탄생시킨 코스가 바로 지금의 360도다.

글 | **이다겸** | 골프 칼럼니스트, 골프 스토리텔러

360° – Earth – Water – Flower – Wind

〔360° 人〕-13 **13번 홀 : 미래를 보는 디자인** ○ **지금까지 본 모든 홀의 그린이 2단이거나 3단이었다. 스코어에 민감한 골퍼들은 억울해 할 수 있다. 변론 기회를 주겠다.** ○ 잘 봤다. 이후에 이어지는 모든 홀도 2단 혹은 3단 그린이다. 사실 처음에는 나도 반대했다. 그러나 코스 디자이너는 20년, 30년 후를 대비하여 코스를 설계해야 한다고 주장했다. 그럴듯한 논리였다. 오픈을 하고 실제로 방문객들의 반응을 체크해 보았더니 기량이 뛰어난 로 핸디 캐퍼일수록 그린에 대한 평가가 좋았다. 플레이를 할 때마다 승부욕을 자극하는 그린이라 젊고 도전적인 실력파 골퍼들이 특히 좋아한다. 골프는 우리의 긴 인생과 함께 할 거고, 우리도 들뜬 호기심을 벗어나 점점 노련하고 깊어질 것이다.

아웃 코스에서 바라본 클럽하우스. 동쪽 날개에는 게스트하우스와 사무 공간 등이 배치되었다.

〔360° 人〕-14

14번 홀 : 여주 부평리의 농부 ○ **골프장 CEO가 되면 잔디를 찍어 치지도 못하고 코스 곳곳에 널려 있는 부러진 티며 담배꽁초 줍느라 스코어가 나빠진다는 이야기도 있다. 골프장 CEO로 살아 보니 어떤가?** ○ 다행히 그 단계는 넘어선 것 같다. 사람들이 아이언으로 잔디를 찍어대는 모습을 처음 보았을 때에는 정말 내 살점이 떨어져 나가는 것 같았다. 그런데 일주일쯤 지나니까 디봇이 감쪽같이 복원되더라. 그 후로는 대범해졌다. 골프 칠 때 신경 쓰이는 것이 많아진 건 사실이지만 다행히 스코어에는 큰 변화가 없다. 골프장 CEO의 삶이 뭐 그리 특별할 것은 없다. 그저 부평리에서 '농부'로 살아가고 있다고 보면 된다. 요즘에는 골프장이 서비스업이 아니라 농업이라는 생각이 든다. 자연의 스케줄을 따라 온전히 몸을 맡기고 순응하며 하루하루 하늘에 감사하고 기도하는 마음으로 산다. 자연은 감히 '상대'라는 말을 붙일 수 있는 대상이 아니지 않은가? 날이 좋으면 하늘에 감사하고 날이 궂으면 하늘에 기도하며….

〔360° 人〕-15 **15번 홀 : 여주 마감산, 땅 이야기** ○ **360도에서 가장 높은 홀인 것 같다. 첩첩한 산줄기가 부드럽고 아늑하게 이어진다. 멀리 보이는 것이 치악산 자락이라고 들었다. 360도가 자리잡고 있는 이 산의 이야기를 듣고 싶다.** ○ 360도를 품고 있는 산은 '마감산(馬甘山)'이다. 『여주군지』에 이름 이야기가 나온다. 조선 효종 때 북벌에 큰 공을 세웠던 김완(金完, 1577~1635년) 장군이 여기 가까운 영월루에서 말을 풀어 놓았더니 모두 이 산으로 가더라는 것이다. 마감산은 해발 400미터가 채 안 되는 야트막한 산이지만 산을 좋아하는 사람들에게는 제법 알려져 있다. 정상 부근 마귀할멈바위 밑에는 돌아가신 천상병(千祥炳, 1930~1993년) 시인의 「귀천(歸天)」을 새겨 놓은 나무 시비도 있다. 이 마귀할멈바위에 얽힌 전설이 있다. 옛날 마감산에 마귀할멈이 살고 있었는데, 이 마귀할멈이 하필이면 악한 사람보다 오히려 선량하고 착한 사람들에게 심술을 부려 괴롭혔다고 한다. 마을 사람들이 나쁜 일이 있을 때마다 마감산 마귀할멈바위 밑에 와서 빌곤 했단다. 15번 홀에 이르면 서쪽으로 남한강과 여주 들판, 그리고 여주 시가지가 아스라이 떠오르고, 북쪽으로는 저 멀리 원주 치악산과 유명산이 자락이 이어지는 것을 시원하게 볼 수 있다.

〔360° 人〕-16　　16번 홀 : 하늘이 내린 터전에 뿌리내리는 일 ○ 돌아보니 땅과 물, 바람은 확실히 느낄 수 있었다. 하지만 지수화풍 중 '화(花)'가 보이지 않는다. 아직 꽃들이 피지 않은 것인가? ○ 앞서 이야기했듯이 화(花)는 화(火)를 변용한 것이다. 지수화풍은 본래 땅과 물, 햇볕과 바람이 만나 어우러지는 '하늘이 내린 터전'을 의미한다. 물론 제철이 되면 코스 주변 곳곳에서 야생화들이 저마다의 자태를 드러낼 것이다. 하지만 재배한 꽃을 이식하는 일은 가능한 한 자제했다. 당장 보기에는 예쁠 수 있지만 자연스럽지 않다고 생각했기 때문이다. 도시의 공원처럼 잔디밭에 형형색색의 꽃들이 인위적으로 배치된 형상은, 아무래도 360도의 이미지와 맞지 않았다. 말하자면 자연산 나물에 인공 조미료를 듬뿍 뿌려 놓은 듯한 느낌인 거다. 하늘이 내린 자연 그대로의 자연, 인위적 자극이 없는 듯 대자연 속의 골프장으로 만들어 가는 것이 우리의 더딘 목표이기도 하다. 세월이 가면 부평리의 야생화가 360도를 가득 채우게 될 것이다.

〔360° 人〕-17

17번 홀 : 골프의 깊은 맛 ○ **클럽하우스에서 훑어볼 때는 전체 홀 배치가 아주 심플해 보인다. 하지만 막상 플레이를 해 보니 모든 홀에 차별성이 있고 홀 간 동선도 생각보다 길고 복잡해서 잠시도 긴장을 늦추기가 어려웠다.** ○ 우리 의도를 정확해 이해해 줘서 고맙다. 18홀 그린에서 퍼팅을 마칠 때까지 골퍼들이 한 순간도 방심할 수 없도록 하자는 것이 우리의 의도였다. 홀 사이에 적당한 거리를 두어 코스 전개를 중간에 꼬아서 방향 감각을 상실하도록 했다. 골프장 운영과 기능만을 생각한다면 홀 간 거리를 줄이고 단선적으로 배치해야 한다. 진행이 빨라져 많은 팁을 받을 수 있기 때문이다. 하지만 우리는 홀 간 거리를 충분히 둠으로써 고객들이 담소할 수 있는 시간적 여유를 주고 매 홀 새롭게 펼쳐지는 자연을 충분히 즐길 수 있도록 만들고 싶었다.

클럽하우스를 설계한 건축가 승효상과 정유천 대표.

〔360° 人〕- 18 **18번 홀 : 건축가 승효상** ○ **어느덧 18홀이다. 클럽하우스의 전모가 드러나고 있다. 마치 작은 공동체 마을 같은 느낌이다. 승효상 선생의 작품인 것으로 알고 있는 데, 어떤 인연인가?** ○ 승효상 선생님을 잘 알고 있었던 것은 아니다. 클럽하우스 설계를 고민하는 과정에서 많은 건축가들을 검토했다. 그러던 중 승효상 선생님의 건축 세계에 매료되어 무작정 찾아갔다. 기능과 가치를 절묘하게 승화시키는 승효상 선생님의 건축 스타일이 내가 찾아 헤매던 양식이었다. 흔쾌히 받아 주셨고, 그 결과 이렇게 멋진 클럽하우스가 완성되었다. 허장성세와 위압감이 없는 클럽하우스를 만들고 싶었다. 승효상 선생님이 처음 클럽하우스 개념을 '마을'로 풀이해 이야기하셨을 때, "바로 그거다!" 싶었다. 내 생각을 충분히 전달한 다음 전적으로 모든 걸 선생님께 맡겼다. 시각적으로나 기능적으로나 너무나 만족스럽다. 느끼셨겠지만 주차장에서, 클럽하우스에서, 9번 홀에서, 그리고 18번 홀에서 보이는 클럽하우스의 외형과 분위기는 완전히 다르다.

360도 컨트리클럽의 모기업인 (주)태림포장의 정동섭 회장. 삼십 년 넘게 현장을 지키며 포장 업계에서 우리 나라 1위의 업체를 일구셨다. ㄴ

19번 홀 : 아버지 ○ **클럽하우스로 돌아왔다. 골퍼에게 클럽하우스는 골프의 출발점이자 종착역이다. 날씨에 따라서는 든든한 도피처가 되기도 한다. 당신에게도 클럽하우스 같은 대상이 있는가?** ○ 당연히 아버지다. 많은 사람들에게 아버지라는 존재가 그러하겠지만 아버지는 내 삶의 스승이자 상사이자 후원자다. 팔순을 넘기신 지금까지도 쉼 없이 일을 하신다. 아버지는 맨손으로 사업을 시작해서 업계에서는 손꼽히는 튼실한 기업을 일구셨다. 내가 360도 지수화풍 사업을 소신 있게 밀고 올 수 있었던 것도 전적으로 아버지 덕분이다. 내 삶의 교과서 같은 분이다. 아버지가 지금까지 말과 행동으로 보여 주셨던 모든 것을 내가 내 아이들에게 돌려 줄 수 있을지, 내 아이들에게 아버지와 같은 존재가 될 수 있을지 자주 비추어 보고 자문하곤 한다. 360도 CC도, 지금 이 책도, 모든 감사를 아버지께 돌리고 싶다. °

글쓴이 **이다겸** ○ 골프 전문지 『클럽 에이스』 편집장을 지냈고, 지금은 골프 전문 홍보 기획사인 〈컴온〉을 이끌고 있다. 2007년 1년간 유럽 28개 국의 명문 클럽 180여 곳을 직접 라운드 하며 골프 스토리를 탐방하고 돌아왔다. 이 유럽 골프 기행은 곧 책으로 출간될 예정이다.

EARTH
WATER
FLOWER
WIND
360
COUNTRY CLUB

〔地Earth〕360° Country Club in Spring

EARTH — Impression ○ 360° Country Club in Spring

The name 'Seung Hyo-Sang' arouses 'tranquility' before many other feelings. The architect, who wanted to be a theologian, speaks calmly with deep voice. "An architect would not be such an attractive job if the architecture is only about drawing beautiful, good-looking houses. I always feel the architecture to be something more." 'Something more', he stated concisely. Taking a look around the clubhouse, I stepped toward the glass wall viewing the whole golf course naturally. I wasn't taking care of what I spy exactly, or 'how nice the view was'. My steps just led me there as it is designed so. And there was a chair. A chair that I must have seen somewhere before, or I might have sat on once, a long chair that must be for more than me alone, and so I have to sit at one end rather than in the middle. "It is designed by the architect himself." I took a sit on it. The sunlight spread on all over me. "Have you sat there?" the architect Seung Hyo-Sang asked. "Yes, I sat on it and got some sun. I was tempted to take a sleep there." The architect smiled.

Text by **Jang Woo-Chul** | Born in 1975 and raised in Non-san. He has majored in Mass communications. Since 2002 the feature editor has stretched his new ideas at <GQ Korea>. The 'Seoul' series, one of his works was the insight on various fellowships between a city, not NY, Paris, London or Tokyo, but Seoul and its people in most Seoul way and attitude. He is extremely fond of beautiful things, yet never knows to find beauty in not beautiful things. His first book filled only with his favors is to be released in June, 2012.

〔地Earth〕 360도 컨트리클럽을 봄에 갔다

〔360° 컨트리클럽〕

한 유미주의자의 36s0도 산보

〔地 Earth〕 한 유미주의자의 360도 산보 | **360도 컨트리클럽을 봄에 갔다**

글 | **장우철** | 〈GQ〉 피처 디렉터

360° - Earth - Water - Flower - Wind

여주에, 돌이 있었다. 장우철 사진.

〔地Earth〕- 01 **남한강변 돌밭에서 주운 호피석** ○ 돌이켜보면, 경기도 여주에서 보낸 시간을 합칠 수도 있을 것이다. 유명하다는 아울렛에 두어 번 갔고, 남한강가에 차를 세우길 대여섯 번 했으며, 영동고속도로 톨게이트를 지나치길 또한 수 차례. 그 시간을 모두 더하면 하루가 채워질까? 생각하다가 선반 위에 놓인 돌이나 쳐다봤다. 남한강변 가산리 돌밭에서 주운 묵직한 호피석. 얕은 물 속에서 저것을 처음 발견했을 땐 돌이 아니라 개구리인 줄 알았다. 하도 기이한 색감이 그리도 달라 보였다. 손바닥 위에 차분히도 올라앉아서는 서울 쪽으로 지는 해를 함께 배웅한 여름날. 그러니 여주에서 보낸 시간을 하루라 말할 수 있을까? 행여 하루가 채 못 된다 얘기할 수 있을까? 3월에, 아직 아무 꽃도 피지 않았을 때 다시 여주에 갈 일이 생겼다.

여주에, 승효상 선생이 설계한 360도 컨트리클럽이 있다. 장우철 사진.

〔地Earth〕-02

여주로 가는 길 ○ 건축가 승효상 선생이 골프장 클럽하우스를 지었는데, 그 곳이 하필 여주라 했다. 나무도 풀도 강도 집도 모두 멀리로만 존재하는 풍경이던 날, 그 곳이 마치 다른 계절로 통하는 관문 같다면 좋겠거니 무턱대고 바랐다. 주말 오전의 고속도로는 한껏 들뜬 채 조용히 막혀 있었다. 잠을 잤나? 아마도. 눈 떠보면 겨우 이정표 하나를 지나기도 했고, 은근히 속력을 내면 이제 좀 풀렸나 싶기도 했다. 정신 차릴 것 없으니 그러거나 말거나 내리라면 내릴 일, 그 때까진 오직 방심해야지, 눈을 감았다. 가늠할 수 없는 시간이 흐른 뒤, 차가 일정한 속력으로 달린다는 느낌에 다시 눈을 떴을 때 여주 톨게이트를 지나고 있었다.

여주에, 강천면, 부평리, 산 59-3번지. 장우철 사진.

〔地Earth〕-03 **모든 길은 이어져 있다** ○ 국도가 시작되었다. 이런 순간은 늘 새롭다. 세상의 모든 길은 이어져 있으니, 닿고자 한다면 닿을 수 있다는 조촐한 환희. 고속도로와 국도가 닿고, 국도가 또 다른 국도와 교차하고, 지방도 옆으로 새면 또한 동네로 드나드는 길이 있고, 차에서 내리면 논과 논 사이로 밭과 강 사이로도 길이 있다. 그리고 모두 이어져 있다. 여지없이 아름다운 이야기. 국도를 한참 달리다 보니 다리로 남한강을 건너고 있었다. 이호대교였다. 차 밑으로 붕붕거리는, 다리가 내는 소리가 들렸다. 스마트폰 지도는 그 곳을 여주군 강천면이라 알려 주었다. 좋은 이름이군.

날것 그대로의 바위. 장우철 사진.

〔地Earth〕-04 **그대로의 맛** ○ 골프채 하나 없이 골프장에 가면서 룰루랄라 하는 기분이라니, 폼이 제법 맞는다 할 순 없겠다. '그래도 다행인 것은 구두가 아니라 운동화를 신었다는 것이군.' 골프장이라면, 지난 초가을에 제주 에코랜드에 갔던 일을 떠올릴 수 있다. 갈대와 억새가 마구 섞여서는 흔들거리며, 뭐가 뭔지 구분할 수 있느냐 묻던 풍경. 그 때도 골프를 치진 않았다. 카트를 무슨 마차인 양 타고는 길 따라 한 바퀴 유람이나 했다. 무엇이든 그대로의 맛이 있다는 가설은 개불을 씹어도 단맛이 난다는 사실을 증거 삼아서라도 언제나 참이니, 골프장에서 골프는 안 치고 카트나 탔다는 것도 맛이라면 맛이고 멋이라면 멋이었다. 그런데 생각해 보면 에코랜드에서의 시간은 '골프장'이라는 말에 속한 일말의 부정을 지워 주는 구실을 했던 것 같다. 단순하게도, 그 곳이 아름다웠기 때문이다.

승효상의 전통불교문화원(2004년).

〔地Earth〕-05 **공주에서 유구로 가다 만난 검정색** ○ "다 왔습니다. 저기 보이죠?" 야트막한 언덕길에서 한 번 더 언덕이 진 곳으로 검은 색이 보였다. 전에도 분명히 본 적이 있는 색이었다. 2월에, 공주에서 유구로 가는 눈길에서. 2월인 그 날, 눈은 희고 길은 검었다. 둘은 섞여 있었다. 사곡을 지나 산을 하나 넘으면 유구에 닿는데 산의 이름은 태화산이었고, 태화산을 넘다가 검은 색을 보았다. 이상한 검은 색이었다. 말하자면 '붉음' 보다 강렬한 '검음'이랄까? 차를 세우고 멀찌감치 서서 바라보았다. 그건 검은 벽이었다. 또한 집이었다. 간판에 새긴 이름은 '전통불교문화원.' 어제 내린 눈을 배경으로 서 있는 그것은 건축가 승효상의 작품이었다.

주차장에서 올려다본 클럽하우스.

〔地 Earth〕- 06

'그 이상'과 '아직' ○ 승효상이라는 이름에서 느끼는 여럿 중엔 '고요함'이 선뜻 앞선다. 아무도 모르라고 눈이 녹아 생긴 웅덩이처럼, 그리고 아무도 그 곁을 지난 적 없는 것처럼, 과연 고요하다 말하는 것이 아무렇지도 않았다. 그는 신학자가 되고 싶었던 건축가, 그리고 낮은 목소리로 조용히 말하는 건축가. "건축이 그냥 아름다운, 예쁜 집을 그려 주는 직업이라면 그렇게 매력 있는 일이 아닐 겁니다. 건축은 항상 그 이상이라고 느끼죠." 그는 '그 이상'이라고만 간결히 말했다. 고요함이든 검음이든 문화원이든 골프장 클럽하우스든, '그 이상' 속에서 뭔가는 달라지고 뭔가는 두드러지며 뭔가는 밝아질 것이다. "자, 여기가 클럽하우스 주차장입니다. 몇 계단 올라가시면 클럽하우스가 바로 보입니다." 창 밖을 보니 서너 개씩 부목을 댄 자작나무 여럿이 서 있었다. 마중도 배웅도 아닌 포즈. 그건 그러니까 '아직'이라는 어떤 건조함이었다. 그렇지 아직은 봄이 아니지.

클럽하우스 입구 현관 지붕.

〔地Earth〕-07 **클럽하우스로 들어간다** ○ 차에서 내려 으드드 기지개를 켰다. 어디 맞닥뜨려 볼 텐가. 모퉁이를 돌았더니 금각이 나오고, 골목이 끝나더니 시뇨리아 광장이 펼쳐지고, 문으로 들어섰더니 다보탑이 보이는 (건축적) 체험으로부터, 계단에 올랐더니 뭔가는 거기 있을 텐가. 계단을 올랐다. 승효상의 클럽하우스는 다른 곳을 보고 있었다. 어디를 보는지, 보긴 보는지도 실은 알 수 없었다. 옆으로 서 있는 사람에게 다가서는 기분이 이랬던가? 주의를 기울이면 대번 느낄 수 있는, 조금 고개를 돌리면 금세 볼 수 있는. 하지만 생각이 미치기도 전에 현관 지붕 밑으로 들어와 버렸다. 여긴 품이 아니지, 다만 입구지.

모든 곳으로 통하는 로비와 중정.

〔地Earth〕-08 **아, 모든 게 함께 있었다** ○ 문이 열렸고 어느새 실내였다. 유리로 된 정원을 보았다. 뭔가를 감추지 않은 천장을 보았다. 아래로 내려가는 계단을 보았다. 양쪽 옆으로 길이 있음을 알았다. 정면 멀리 연못과 골프장이 내다보였다. 음식 냄새가 났다. 직원들이 인사했다. 지나던 사람들이 쳐다봤다. 모든 게 함께 있었다.

로비와 중정에서 아래로 내려가는 계단. 또는 위로 올라오는 계단. 물끄러미 바라보기도 서성거리기도 하며.

〔地Earth〕-09 **느티나무 아래서** ○ 이름을 붙여도 좋다면 '느티나무 아래서'라 쓰고, 다시 나무를 올려다봤을까? 할아버지 산소가 있는 논산시 가야곡면 삼전리는 시내 버스의 종점이었다. 어려서, 한식날쯤 그 버스를 타고 가면, 낫이며 호미며 쇼핑백에 넣어 온 가족들과 버스 기사가 함께 내렸다. 가족들은 요구르트 하나 마시고 산을 오를 참이었고, 기사는 이미 나무 아래 들마루에 누운 후였다. 느티나무, 여지 없이 느티나무. 어린애 셋이 강강술래하듯 감싸면 잡힐 법한 둥치, 그렇게 고목은 아닌, 당산나무의 칭호를 받기에도 뭣한, 그저 좀 큰 그늘을 주는 정도의 나무. 들마루가 놓인 곳은 시멘트로 네모 반듯하게 단을 만들어 놓은 곳인데 거기 서면, 저 십리 밖에서 트럭이 오는지 버스가 오는지 눈을 가늘게 뜨면 알 것도 같은 시계가 펼쳐졌다. 합판에 매직으로 그린 장기판, 빠짐없이 전부 있는지 의심스러운 장기알, 주인을 찾는 플라스틱 슬리퍼짝, 스펀지가 뜯긴 공부방 의자, 그런 것들. 버스 기사는 거기서 십여 분 눈을 붙이고 다시 버스를 몰아 논산으로 떠났을 것이다. 그리고 나무 밑은 잠시 비었을 것이다. 혹시 누군가는 멀리 먼지를 일으키며 떠나는 버스의 꽁무니를 쳐다보기도 했을 것이다. 버스가 사라질 때까지.

한숨 자고 싶었던, 풍경과 공간과 의자.

〔地Earth〕-10 **그리고 그 의자** ○ 클럽하우스에 들어서자마자 가야곡 삼전에 있었던 그 곳을 생각했다. 여기는 그러니까 마을의 나무 밑, 모두가 아는 곳. 저절로 통하는 곳. 자연스레 걸음이 골프장 전경이 보이는 유리벽 쪽으로 갔다. 구체적으로 무엇이 보이는지, 그걸 분간하지 못했다. 이른바 '뷰가 좋은지' 어떤지 판단하지도 않았다. 그저 걸음이 그리로 가는 수밖에 없고, 아니나 다를까 가볍게 내리막이 졌으니, 걸음은 그마저 두두두두 빨라지게 마련이었다. 마침내 유리벽에 코를 댈 듯 가까이하고 나서야, 조금 떨어져도 좋다는 생각이 드는, 그런 속력의 내용. 그리고 거기에 의자가 있었다. 어디서 본 것 같은 의자, 흔하다는 뜻에서가 아니라, 다만 기억으로부터 언젠가 한 번쯤 앉았을지도 모를 의자, 나 혼자 앉으라고 만든 의자가 아닌 게 분명한 의자, 그래서 한가운데 앉기보다 한쪽에 쏠려서 앉게 되는 긴 의자. "그건 건축가가 직접 디자인했습니다." 거기에 앉았다. 햇빛이 평퍼짐하게 온몸으로 왔다. "거기 앉아 보셨어요?" 나중에 인터뷰를 하다가 승효상 선생이 물었다. "앉아서 햇빛을 쏘였습니다." 그 햇빛 속에 자외선 따위가 들어 있을 리 없다. "한숨 자고 싶던데요?" 선생은 소리 없이 웃었다.

내려가다 올려다보면.

〔地Earth〕-11

계단, 철록헌, 아지트 ○ "이제 계단을 통해 밖으로 나갑니다." 계단은 갑자기 시작되었다. 그리고 밑으로 보이는 밝은 빛을 따라 재빨리 진행되었다. 내려가다 말고 다시 올려다봤더니 오가는 사람들의 다리가 보였다. 그들에겐 내가 보이지 않을 것이었다. 여긴 아지트구나, 공교롭게도 비슷한 생각을 한 적이 있다. 당연하게도 승효상 선생이 지은 '철록헌'이라는 곳에서였다. 지금은 문을 닫았으나, 몇 해 전 그 곳에 'LOVO'라는 술집이 있었다. 거기서 마신 술이 몇 리터인지는 모르지만, 거기서 있었던 일들로부터 뭔가는 달라졌음을 짐작한다. 표정을 지운 독일 전자 음악이 줄곧 나올 때, 우리는 취했음을 핑계로 DJ에게 달려가 "왬(Wham!) 한 번 틀어 주세요!" 요청하기도 했다. LOVO는 지하였는데, 길에서 건물로 들어서지 않고도 계단으로 곧장 내려가도록 되어 있었다. 그 계단은 말하자면, '오늘 여기 문 열었나?' 갸웃거리게 만드는 계단이었다. 왁자한 길을 꺾자마자 전혀 다른 공간이 있음을 그 계단은 엄격한 태도로 구분하고 있었다. 그러다 익숙해지자, 그 계단을 내려가며 다른 생각을 했다. '여긴 기지구나. 너와 나의.' 누구나 드나들며 안다 말한다지만, 너와 나만 아는 것이 따로 있는 곳.

계단을 내려와 필드와 이어지는 마당에서 뒤돌아보면 클럽하우스의 이마가 보인다. 장우철 사진.

〔地Earth〕- 12 **카트 뒷자리의 충만** ○ 클럽하우스의 계단은 빠르게 끝났다. 필드와 이어지는 마당에 나가서야 비로소 건물을 돌아보았다. 그 역시 앞모습인지 뒷모습인지 알 수 없었지만, 햇빛에 빛나는 유리를 이마라고 여겼다. 3월이었다. 바람이 빈 그릇처럼 차갑게 닿았다. 올려다보며, 건물 주위를 느리게 돌았다. 가로로 길게 그은 선, 벽은 만지면 콘크리트인데 떨어져 보면 통나무 같았다. 어느 벽엔가는 곧고 잘게 자른 나무에 한껏 망치를 내려쳐 박다 만 못이 일렬로 나란했다. 비가 오면 못에서 녹물이 흘러 나무에 붉은 줄무늬를 만들 것이다. 이미 어떤 것들은 옅은 무늬를 드리우고 있다. 이건 미래일까? 미래라 불러도 좋을까? 그래도 좋다면, 2월에 태화산에서 본 '검음'은 무엇일까? 그 또한 미래라 부르면 어떨까.

〔地Earth〕-13

카트 뒷자리의 충만 ○ 모자를 쓴 가이드가 운전하는 카트 뒷자리에 올라탔다. 새 집에서 좋은 건, 모든 게 새것일 거라는 기대가 과연 충족되는 순간들. 카트엔 '360' 로고가 선명도 했다. 깨끗한 카트는 좀체 멈추지 않고 코스를 따라 달렸다. 겨울을 갓 빠져 나온 잔디는 아직 푸르다 소리 한 번 못 들었음이 분명했다. 그것들은 아직 추워 보였다. 골프장이라지만 여지없는 산중이었고, 위로부터 내려오는 산바람에는 어딘지 매서운 기운마저 있었다. 클럽하우스가 가장 멀리 보이는 지점에서 카트를 세웠다. 벽을 만졌던, 이마처럼 반짝였던, 하나뿐인 의자가 있던, 빠르게 스친 계단이 있던 그 곳이 멀리 있었다. '여기'와 '거기'는 엄연히 다르니, 멀리서는 그저 평화를 담았다. 돌아갈 곳이 있다는 기쁨 같은 것.

← **필드에서 보면, 저기 마을이 있다.**

〔地Earth〕- 14 **포만과 습격** ○ 카트를 타고 돌아와, 내려왔던 계단을 다시 올라가, 식탁에 앉아 우거지국에 밥을 말았다. 찬 손으로 쥔 숟가락은 더욱 찼다. 하지만 그걸로 건더기를 헤집으니 뜨거운 김이 올라왔다. "한 것도 없는데 피곤하네요. 갑자기 뜨거운 걸 먹으니 더 그런 걸까요?" 여럿이 국밥을 먹는 소리는, 까투리 댓 마리는 고사하고 노루 두어 마리쯤 거뜬히 잡고 돌아온 금강산 포수들 같기도 했지만, 그렇다 한들 아니라 한들, 맛있는 음식을 퍼나르는 숟가락질은 바쁘고 유쾌했다. 다 먹고 나니 잠이 몰렸다. 김수현 드라마였다면 긴 의자 쪽으로 책 한 권 들고 가며 "나 좀 졸게." 했을 텐데, 상을 물리고는 아직 준비를 마치지 못한 게스트하우스며 업무 시설이 있는 쪽을 둘러봤다. 둘러봤다는 말은 사실 어울리지 않는다. '습격했다'면 어떨까. 왜냐하면 졸음이 한꺼번에 날아갔으니까.

← 필드에서 보면, 마치 이정표 같은. 거기엔 식당도 있고, 그 식당 옆으론 천창에서 빛이 내려오고.

몇 가지 재료와 디테일의 표정들. 장우철 사진.

〔地 Earth〕- 15 **승효상의 비밀 한 자락, 스치다** ○ 사실 구조가 기억나진 않는다. 하지만 신이 났다. 어느 복도를 통해 무슨 문을 지나 어떤 계단을 오르락 내리락 했더니, 여기는 게스트하우스고, 여기는 라운지고, 여기는 사무실이며, 여기는 보일러실이라는 식이었다. 거대한 우주 모선을 견학하는 아이처럼 눈이 커져서는 입을 꼭 다물고 그 공간을 즐겼다. 그것은 미로였을까? 아닐 것이다. 다만 어떤 편의보다 경험을 요구하는 공간이라는 건 분명했다. 흰 건 벽이고, 회색인 건 바닥이니 그걸 따라 가다 보면 배고픈 식당도 만날 테고 급한 화장실도 나올 테지만, 이 계단을 오르면 무엇이 있을지, 저 복도를 돌면 무엇이 나타날지 자꾸 짐작하게 만드는 힘이 여실했다. 만약 혼자였다면 거길 내내 뛰어다니지 않았을까? 나중에 승효상 선생에게 그 경험을 말씀 드렸다. "로비에서 필드로 나가는 계단만 해도 그렇습니다. 이건 숫제 개구쟁이 같은 구석이 있달까요? 선생님의 건축을 고요하다는 말로 드문드문 안아 보기도 합니다만, 사실 그 속에서 마주치는 경험은 무척 낯선 면이 있습니다. 갑자기 뭐가 튀어나오는 식이랄까요? 그걸 하필 승효상의 '소년다움'이라고 생각하고 싶은 마음도 듭니다." 선생이 그 때는 조금 소리를 내어 웃었다. "그렇지요. 나도 다이나믹합니다."

골목 사이로 햇빛은 내리고, 통창으로 보이는 건 안, 아니면 밖?

〔地Earth〕-16 **회색과 통창** ○ 클럽하우스에서 마지막으로 들른 곳은 목욕탕이었다. 샤워장이 아니라 목욕탕이라 부르는 게 굳이 옳다는 생각이 드는 곳. 널찍한 라커룸에서 훨훨 맘껏 벗어제친 후 들어서는 그 곳의 회색은 사뭇 경건하기도 했다. 글씨도 없이 흰 수건들, 그리고 누구나의 검은 머리칼. 네모진 탕에 몸을 담그진 않았으나 그 물을 만져 보긴 했다. 뜨거웠다. 골프를 끝낸 중년 남자 넷이 나란히 수면 밖으로 목을 내밀고 있었다. 얼굴을 보진 못했다. 당연히 그들은 통창으로 바깥을 보고 있었으니까. 검은 유리 너머로는 로비에서 처음 대면했던 필드가 아주 조금 각도를 바꾼 채 여전히 펼쳐져 있었다. 중년 남자 넷은 말이 없었다. 조용히 그 곳을 나왔다.

석양이 질 무렵이면, 마을 생각이 간절해진다.

〔地Earth〕-17

마을로 돌아가며 ○ 건축가 승효상은 이 클럽하우스를 압축하는 말로 '마을'을 골랐다. 어떤 공동체이자, 누구보다 잘 아는 곳이자, 그만큼 편안하면서, 또한 자발적으로 새롭게 바꿔 나갈 수 있는 곳. 하필 사는 곳이 아니라 들르는 곳에 '마을'이란 개념을 놓은 이유를 생각해 본다. 그건 결국 '저기'로 가는, 또한 '여기'로 돌아오는 이정표로서의 구실이 아니었을까? 다정한, 친숙한, 야무진. 그러니 그 곳을 떠나며 마을을 떠난다는 말보단, 마을로 돌아간다는 말이 더 어울렸다. 마을로 돌아가며 금세 잠이 들었다.

원 상태는 아니지만, 더 다듬지는 않았다. 세월이 저쪽으로 좀 가면 살짝 누그러지겠지. 장우철 사진.

〔地Earth〕-18

여주에 다시 갔다 ○ 4월이 반쯤 지났을 때, 유난히 더딘 봄이었지만, 서울의 꽃들은 품종 불문하고 산수유부터 라일락까지 일제히 피었다. 같은 시간 여주군 강천면 산자락에선 겨우 진달래 몇몇과 산수유 몇몇만이 망울을 터뜨렸다. 카트를 타고 유유자적 코스를 따라 도는 길은 여전히 골프채 하나 갖추지 않은 채였다. 하지만 이런 말이 쉬웠다. "나는 여기를 알아." 흰 모자를 쓰고 카트를 운전하는 직원에게 사진 촬영을 핑계로 여기서 진달래 좀 보고 갈까요? 말하고는 내려서 진달래를 봤다. 저기 바위를 좀 만져 보고 와도 될까요? 물으면 앞 뒤로 골퍼들이 없는지 섬세하게 확인한 그가 신호를 줬다.

몇 가지 작란도 해 보고. 장우철 사진.

〔地Earth〕-19 **세상에서 가장 충동적인 말 중 하나, 잔디밭** ○ 바위는 맨질맨질하고 투박하고 날카롭고 둥글었다. 그러다 주변의 산수유가 한둘 피어난 4번 홀에서 머물며 쉬었다. 그림책도 넘겨 보고, 수첩에 뭐라 뭐라 적기도 하면서 산중의 봄을 맞았다. 깜짝이야! 개구리가 번쩍 튀어 올랐다. 처음 보는 색, 연하고 맑았다. 그래, 너에게도 봄이었구나. 여름과 가을과 겨울이겠구나. 과연 그렇겠지, 누구에게나, 무엇에게든, 여기서라면. °

글쓴이 **장우철** ○ 1975년생. 논산에서 나고 자랐다. 2002년부터 〈GQ KOREA〉에서 줄곧 피처 에디터로 일하면서, 이제까지 '없던' 기획들을 선보이며 잡지가 개척할 수 있는 새로운 형식을 제안하고 탐구해 왔다. 펼쳐진 어떤 페이지가 낯선 매혹으로 다시 들여다보게 만들었다면 그 끝엔 곧잘 '에디터 장우철'이라는 맺음이 있다. 가령, 뉴욕도 파리도 런던도 도쿄도 아닌 '서울'에 대해 서울다운 입장과 방식으로 해석해 나간 '서울' 시리즈는 한 도시와 도시인이 맺을 수 있는 다양한 유대감에 관한 통찰이었다. 겨울이면 서울로 오는 제주도 무의 독창적인 흰색부터 뉴욕의 음악가 판다 베어의 흐릿한 그루브까지 고르고 고른 것들을 수집해 선반에 놓고자 한다. 탐욕스러우리만치 예쁜 것을 좋아라 하지만 예쁘지 않은 것을 예쁘게 보는 법은 모른다. 2012년 6월엔 오직 그가 편애하는 것들로 채워진 첫 책이 나온다.

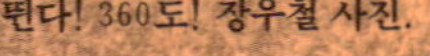

뛴다! 360도! 장우철 사진.

〔**地 Earth**〕 한 유미주의자의 360도 산보 | **360도 컨트리클럽을 봄에 갔다**

글 | **장우철** | 〈GQ〉 피처 디렉터

360° – **Earth** – Water – Flower – Wind

↑ 거칠면서 부드러운 무늬. 장우철 사진.
→ 시간과 어울리다. 장우철 사진.

〔地 Earth〕 한 유미주의자의 360도 산보 | **360도 컨트리클럽을 봄에 갔다**

글 | **장우철** | 〈GQ〉 피처 디렉터

360° - Earth - Water - Flower - Wind

↑ 하루의 몫이 끝나고..장우철 사진.
→ 마을로 돌아오다.

글 | **장우철** | 〈GQ〉 피처 디렉터

360° - Earth - Water - Flower - Wind

자기를 과시하지 않는 조용한 현관 입구의 캐노피는 클럽하우스의 수평성을 다시 한 번 강조한다.

EARTH
WATER
FLOWER
WIND
360
COUNTRY CLUB

〔水Water〕360° Country Club

The Elegance & Regard from the Most Public

WATER — Golf course ○ The Elegance and Regard from the Most Public

Heading for '360° Earth Water Flower Wind Country Club', which stand out for its name among all others of a sort, I felt my heart fluttering. As I approached the winding entrance followed by the back of the clubhouse, I could see the whole village figure of structures with colors not distracting eyes. It gives the atmosphere like a huddle of good-looking rural town with private communications, rather than overwhelm the golfers with massive figures. ○ Entering the lobby, I faced the whole eye-catching course spreading in front through the building. Over the glass wall window, the panoramic view of several holes meets the eyes. There would not be any better present for golfers visiting with full expectation than this view. With eyes running through the holes judging the levels, the heart will be already running the courses, too. The early spring sunlight flooded in through the square glass pillar inserted like an aquarium in the middle of the lobby, and a small garden was placed below. Every ceiling with capacity was bringing sunlight inside with nature breathing in the bushes; in restaurants, in locker room, in sauna, everywhere. Nature is embracing the clubhouse, and the clubhouse is holding the part of nature throughout every possible space. ○ To our surprise, the 360° Country Club with this amazing clubhouse is a public golf course. Public golf courses in Korea have been neglected from golfers due to the unnatural business restrictions on golf courses. Membership golf courses were obliged to insert public courses as well, which produced multiple sub-standard public courses. It was only about a decade ago that the reputation of the public courses changed. They started to create new position with new golf courses no less than membership ones along with marketing and service strategy, which attracted golfers to popularize the public courses. The 360° Country Club will be no doubt to become the rising star in this flow. ○ The clubhouse gives the crowning touch on this golf course. The beautiful building contains elegance and simplicity, firmness and flexibility at the same time. It is a place with harmony, co-existence, regard and communication. This place is filled with the scent of Yeoju along with the stories of the people there.

〔水Water〕 클럽하우스, 가장 퍼블릭한 것의 기품과 배려

〔360° 클럽하우스〕

골퍼가 본 360도 컨트리클럽

Text by **Lee Da-Gyum** |The former editor-in-chief at golf magazine <Club Ace> is now leading a PR agency <ComeOn> specializing on golf. Lee Da-Gyum has visited more than 180 distinguished clubs from 28 countries in Europe rounding and searching golf stories in person. This Europe golf tour will be published in a book soon.

〔水Water〕-01 **이 땅의 클럽하우스들** ○ 클럽하우스, '하우스'가 붙은 것을 보면 분명 집이다. 세상사 잠시 잊고 지친 몸과 마음을 내려놓을 수 있는 곳. 내 의지와 무관하게 분주할 수밖에 없는 세상 속에서 오롯이 나를 보호할 수 있는 곳. 온전히 사랑하는 이들과 일용할 양식을 나누며 영혼의 안식을 얻는 곳. 모름지기 집은 그런 곳이 아닌가? 그러나 우리 나라의 많은 골프장을 다녀봤음에도 마음 편히 나를 풀어 놓고 머무른 클럽하우스에 대한 기억은 없다. 대체로 화려했지만 공허했다. 골퍼를 압도하는 규모와 휘황찬란한 인테리어, 직원들의 지나치게 깍듯한 서비스가 오히려 불편했던 적도 있었다. 18홀을 함께한 동반자들과 마음을 섞을 수 있는 편안한 클럽하우스에 대한 아쉬움은 늘 마음 한구석에 남아 있었다. 모든 클럽하우스는 그 자리에서 골퍼를 기다린다. 코스로 떠난 골퍼들이 내려 놓고 간 일상의 잔해를 지키며 묵묵히 18홀을 기다린다. 하지만 그 클럽하우스에 관심을 주는 골퍼들이 몇이나 될까? 골퍼에게 클럽하우스는 임박한 티오프 시간까지 얼마나 신속하게 스타트 홀로 이동할 수 있느냐, 락커 키가 얼마나 간편하게 작동하느냐, 동선이 얼마나 심플하냐 혹은 레스토랑 음식 맛은 어떠냐 정도가 관심의 대상일 뿐이다.

〔水Water〕-02 **그 클럽하우스만의 이야기** ○ 골프 자체가 '전투'인 한국에서 골퍼의 스토리는 오직 코스에서만 만들어진다. 18홀 플레이를 마치고 클럽하우스로 돌아와 욕조에 몸을 담그고서도 골퍼들의 마음은 여전히 코스에서 홀 아웃 하지 못한다. 퍼팅 미스로 아슬아슬하게 놓친 17번 홀 버디가 아직도 몸서리치게 아쉽고, 다 잡았던 배판을 놓친 마지막 홀이 두고두고 안타까울 뿐이다. 이런 상황에서 클럽하우스야 그저 비닐하우스나 가건물이 아니라면 거기서 거기다. 자금성 부럽지 않게 웅장하고 화려한 클럽하우스가 골퍼들에게 그저 눈요기하고 스쳐 지나가는, 골프 나라 '출입국 관리소' 정도로 이해되는 것은 아쉬운 일이다. 클럽하우스가 들려 주는 이야기가 없으니 그곳에서 나눌 이야기도 별로 없다. 엄밀하게 말하자면 들려 주는 이야기가 없는 것이 아니라 '그' 클럽하우스만의 이야기가 없는 것이고, 그러다 보니 골퍼들에게 클럽하우스는 그저 클럽 빌딩일 뿐이다. 우리 나라 골프의 역사가 일천해서 더 그런지도 모른다.

〔水Water〕-03 **잘 생긴 시골 마을 분위기** ○ 고만고만한 골프장 이름 중에서 유독 돋보이는 이름 '360도 지수화풍'과의 만남을 앞두고 공연히 마음이 설레었다. 다른 골프장과는 다른 뭔가 내밀한 사연이 있을 것 같은 '예감' 때문이었다. 결정적으로 '빈자의 미학', '사유의 기호'의 건축가 승효상 선생이 클럽하우스를 설계했다고 하지 않는가. 기대감 때문에 낯선 분들과의 동행이었음에도 망설임도 불편함도 없었다. 어쩌면 골프장에 들어서기 전부터 이미 360도 클럽하우스를 사랑하고 있었는지도 모르겠다. 진입로를 굽이 돌아 클럽하우스 뒷모습이 펼쳐지는 순간, 도드라지지 않는 색채와, 마을을 형상화했다는 건물들이 한눈에 들어왔다. 푸근한 마감산 능선에 둘러싸인 클럽하우스는 불규칙하게 흩어진 구조물들을 유기적으로 연결해 놓은 형국이었다. 육중하게 큰 몸집으로 골퍼를 압도하는 것이 아니라 옹기종기 모인 집들이 내밀하게 소통하는, 잘생긴 시골 마을 분위기였다. 봄 여름 가을 겨울, 계절이 어떤 옷을 입어도 절대로 튈 법하지 않은 자연스런 색감과 거친 콘크리트 느낌의 외장은 소박하지만 견고해 보였다.

〔水 Water〕- 04 **홀들과 자연, 클럽하우스가 서로를 품다** ○ 캐디백을 내려놓기 편하게 배려하여 넓고 낮게 지붕을 드리운 출입구를 지나 로비로 들어서자 시선은 건물을 관통하여 정면에 펼쳐진 코스에 꽂혔다. 통유리창 너머로 여러 홀이 파노라마처럼 한눈에 들어왔다. 기대에 부풀어 골프장을 찾은 손님들에게 이보다 훌륭한 선물은 없다. 보이는 홀들의 난이도를 예측하며 눈도장을 찍다 보니 마음은 이미 코스를 달리고 있었다. 로비 중앙에는 천창을 이용해 또 다른 자연 공간을 배치했다. 대형 수족관처럼 로비 한 가운데로 삽입된 사각의 유리관 속으로 초봄의 햇살이 눈부시게 쏟아졌고 그 아래 거친 러프를 연상시키는 작은 정원이 자리잡고 있다. 보아 하니 다른 지붕 아래 위치한 레스토랑과 사우나가 연결되는 사이 공간에 배치된 중정인 듯했다. 레스토랑에도 라커룸에도 사우나에도, 비집고 들어올 수 있는 모든 곳에서 천창이 자연광을 끌어들이고 있었고 그 아래 어김없이 수풀이 숨쉬고 있었다. 자연은 클럽하우스를 품고, 클럽하우스의 가능한 모든 공간에는 자연의 일부를 담고 있었다.

〔水Water〕- 05 **직원들을 배려한, 그래서 고객들이 편안해지는 공간과 동선** ○ 무엇보다 반가웠던 것은, "직원들이 배려된 공간에서 일하고 있다"는 사실이었다. 대개 클럽하우스에서 직원들은 건물의 자투리 공간에서 더부살이하듯 일하는 경우가 많다. 코스가 잘 보이는 뷰 포인트를 모두 손님들을 위해 양보하고 나면, 가장 후미진 곳이 직원들의 차지가 되게 마련이다. 하지만 누구보다 코스를 잘 알아야 하는 사람들, 골프장에서 가장 많은 시간을 보내는 사람들이 코스의 고리와 격리되는 것은 자연스럽지 않은 일이다. 360도의 사무동은 코스를 향해 열려 있었고 치밀하면서도 단순한 직원 동선에는 감탄이 절로 나왔다. 고객의 동선은 방해하지 않으면서도 가장 신속하게 고객에게 다가갈 수 있도록 배려되어 있었다.

〔水Water〕- 06 **한국 퍼블릭 골프장의 새로운 시도, 360도** ○ 놀라운 것은 이 클럽하우스를 품고 있는 360도 컨트리클럽이 퍼블릭 골프장이라는 사실이다. 한국에서 '퍼블릭 골프장'은 비정상적인 골프장 사업 규제로 인해 골퍼들에게 억울하게 홀대를 받아 왔다. 많은 멤버십 골프장이 우후죽순으로 건설되면서 퍼블릭 코스 건설이 의무화되었고 수준 이하의 면피성 퍼블릭 코스가 양산되었기 때문이다. 그런 퍼블릭 골프장의 인상이 달라진 것이 10년 전부터다. 멤버십 코스에 버금가는 코스로 골퍼들을 끌어들이고 마케팅과 서비스 전략을 다듬어 골프 대중화를 선도하며 새로운 입지를 만들기 시작한 것이다. 360도 지수화풍이 이 조류를 이끌어 갈 새로운 기대주가 아닐까 싶다. 세계 최고의 골프장으로 인정받는 스코틀랜드의 세인트 앤드루스(St. Andrews Links)나 미국 최고의 코스라는 페블 비치(Pebble Beach Links)도 모두 퍼블릭 코스다. 한국에도 모든 골퍼들의 로망이 될 만한 퍼블릭 코스 하나는 있어야 하지 않은가? 360도 지수화풍에는 JMP그룹의 브라이언 코스텔로가 디자인한 코스가 있다. 진입 장벽 높은 멤버십 코스에서만 그 이름을 찾을 수 있었던 디자이너의 작품이다. 그것도 골프장 소유주의 개입 없이 디자이너가 원하는 그대로를 마음껏 그려 낸 코스다.

〔水Water〕-07 **같이 어울리고 소통하는 컨트리클럽** ○ '승효상표' 클럽하우스는 360도 지수화풍의 '화룡점정'이다. 소박하면서도 기품이 있고 견고하면서도 융통성 있는 아름다운 집이다. 눈길 마주하는 곳마다 손길 닿는 곳마다 상생과 공존, 배려와 소통의 이치가 담겨 있는 곳이다. 여주 땅의 향기와 그 곳에 사는 사람들의 이야기도 담겼다. 진정한 미덕은 길고 복잡한 설명이 필요 없다. 누구라도 360도에 가면 자연의 이야기, 그리고 자신은 물론 다른 이의 스토리에 귀를 기울이게 될 것이다. °

EARTH
WATER
FLOWER
360 WIND
COUNTRY CLUB

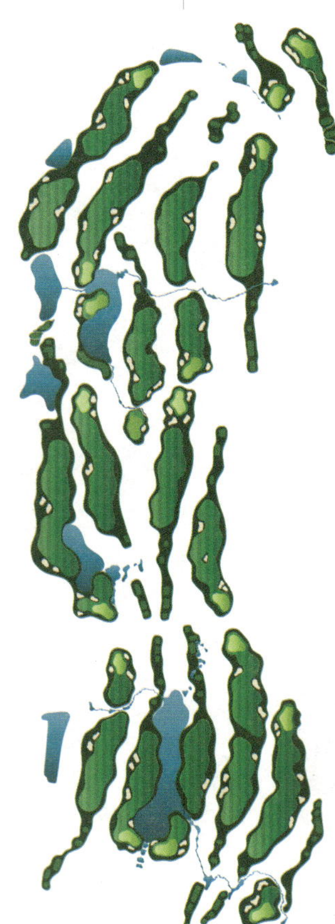

Brian Costello is a native Californian, born and raised in the San Francisco Bay Area. At the age of 10, Brian was introduced to the game of golf by his father. Brian received a B.S. in Landscape Architecture from the University of California at Davis in 1983. Upon graduation, he joined Hargreaves Associates, a renowned planning and landscape architecture firm based in San Francisco. In 1989 Brian joined JMP, and became a Principal of the firm in 1994. Brian has designed many outstanding golf courses around the world. Among his most noteworthy designs are: Whiskey Creek Golf Club near Washington, DC, Callippe Preserve Golf Club and Los Lagos Golf Club in California, Costa do Sauipe Golf Links and Fazenda da Grama Golf Club in Brazil, Belnatio Golf Club, Nasu Chifuriko and Golden Palm Country Clubs in Japan, and Blackstone Golf & Resort in Jeju and Blackstone Golf Club in Icheon, Korea. He is a regular member of the American Society of Golf Course Architects, and a registered Landscape Architect in California. Published works include "Secrets of the Great Golf Course Architects" and ASGCA's "An Environmental Approach to Golf Course Development". Brian, along with fellow Principal Mark Hollinger, manage JMP's West Coast Office.

〔水Water〕 코스텔로의 360도 골프 코스 이야기

〔360° 컨트리클럽〕

코스 소개와 전략법

브라이언 코스텔로(Brian Costello) ○ 미국 캘리포니아에서 태어난 그는 열 살부터 골프를 시작해 일찍부터 골프 코스에 흥미를 느꼈다. 캘리포니아 대학에서 조경학을 전공하고 도시 조경에 관련한 다양한 경험을 쌓았다. 1989년 세계적인 골프 코스 설계사인 JMP 그룹에 합류하여 1994년 이래 현재까지 대표로 지내고 있다. 제주와 이천의 블랙스톤 골프클럽, 미국 워싱턴의 위스키 크릭 골프클럽, 캘리포니아의 로스 라고스 골프클럽, 일본의 골든 팜 컨트리클럽 등을 설계했다. 세계 각지에 있는 그의 작품은 자연과 하나되는 조화를 지향하는 것으로 유명하다. 이번 360도 컨트리클럽 역시 기존의 지형과 자연을 최대한 살리면서 흥미로운 스토리가 흐르는 코스를 선보였다.

〔水 Water〕 코스 소개와 전략법 | **코스텔로의 360도 골프 코스 이야기**

글 | **브라이언 코스텔로**(Brian Costello) | 골프 코스 설계사

360° – Earth – **Water** – Flower – Wind

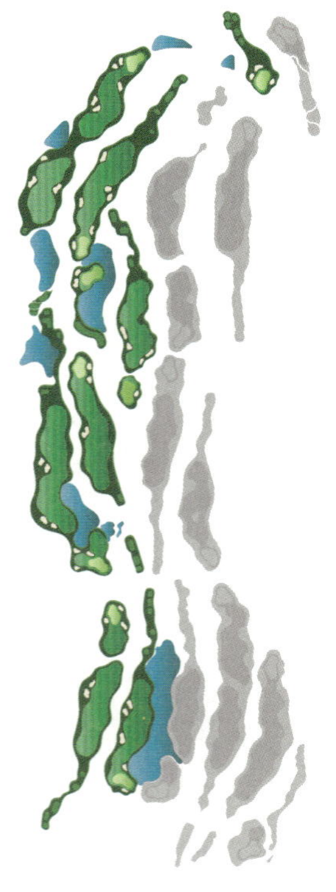

아웃코스 ● 1~9번홀 ○ 아웃코스는 산자락 하단부로 자연 지형과 물이 조화롭게 어우러진다. 또한 자연형 습지와 녹지 공간을 확보하고 코스의 높낮이 차를 없애 라운딩 환경의 품격을 한 차원 높였다. 드라마틱한 티샷과 아름다운 경치는 약간의 위협감을 주기도 하지만, 도전적이고 재미있는 구성으로 이루어졌다. 엘리베이트 티그라운드로 페어웨이가 약 35m 아래에 놓여 있기 대문에 버스트드라이브할 기회가 제공된다. 티샷은 짧은 세컨드샷을 위하여 도그래스 왼쪽 코너 안쪽으로 공략해야 한다. 그린의 양 옆에 짧고 큰 모래 벙커가 배치되어 있다.

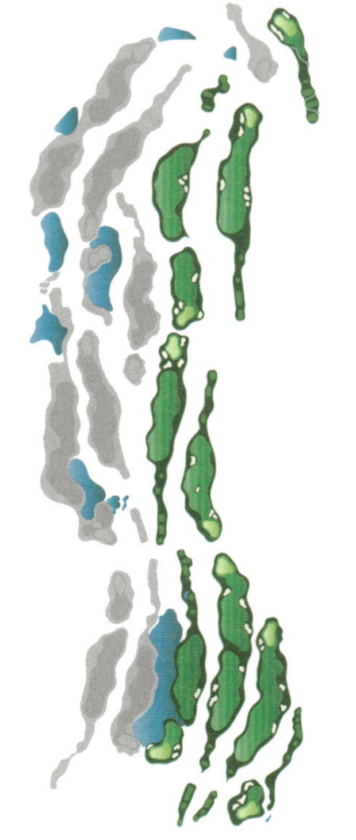

인코스

● 10~18**번홀** ○ 인코스는 꽃과 바람이 어우러진 하늘의 코스다. 산 정상부에 자리하여 풍광의 아름다움이 눈부시게, 때론 거칠게 다가온다. 하늘과 맞닿은 시야는 홀과 나 이외에는 아무것도 존재하지 않는 듯한 착각을 준다. 또한 여주를 한눈에 내려다보는 기쁨도 크다. 정확한 티샷을 위해서는 두 개의 랜딩 에어리어 중 하나를 선택해야 한다. 티샷시에는 드라이버 또는 우드, 롱아이언을 이용할 수 있다. 페어웨이는 굽어 있고 오른쪽의 두 개의 벙커와 언덕 안에 원 타켓 벙커가 아래로 뻗어 있다. 따라서 어프로치 샷은 왼쪽 중심에 놓은 벙커 방향으로 길고 좁은 그린을 향해 가볍게 공략해야 한다.

Hole #1

○ Par 4

○ 437 Yards

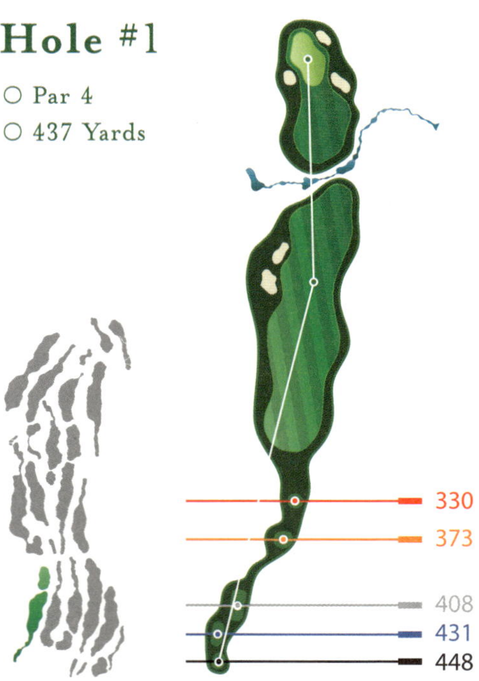

● 내리막 티샷과 오르막 세컨드 샷이 적절하게 조화를 이룬다. 무난하게 진행할 수 있는 스타트홀이다. 오르막 세컨드 샷을 할 때는 그린 주변에 있는 벙커를 경계해야 한다.

From the elevated tees enjoy the dramatic view of the fairway deck below and creek with cascading waterfalls in the distance. Tee shots down the middle or those that favor the left hand side will have a more level lie. Tee shots to the right side may experience a side-hill lie but a preferred angle into the green. The two-tiered green complex is well guarded by three sand bunkers, two front-side bunkers and one in the rear including several grassy collection hollows. Take at least one extra club on your approach shot for the elevation change and swing away!

Hole #2

○ Par 4
○ 407 Yards

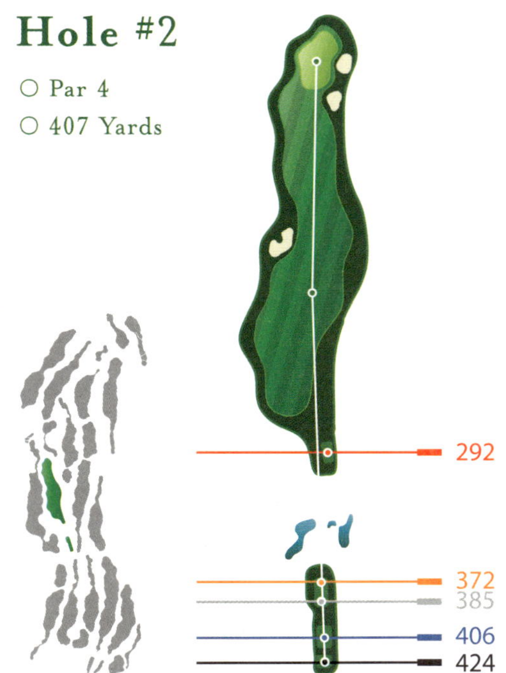

● 티샷의 부담감을 떨칠 수 있는 내리막 직선 코스다. 그린 우측에 있는 벙커에만 주의한다면 어렵지 않게 파를 기록하기 충분하다.

This medium length 4 par features a relatively level tee shot and then a sharply downhill hill approach shot. Two options present themselves to the golfer. Play towards the target bunker and rock pinnacle for a relatively flat lie and best angle into the green or hit long and right to catch the "power slot" which will give your tee shot extra roll and shorter shot into the green. The green sets on a diagonal with two sand bunkers and sprawling grass hollows surrounding the complex. Check the wind and note the elevation drop to the green when making your club selection. Avoid hitting your shot long and left of the green which will make for a difficult recovery shot.

Hole #3

○ Par 5

○ 561 Yards

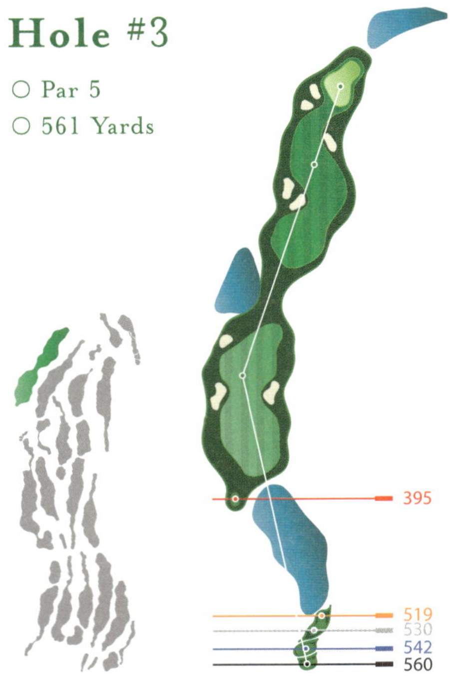

● 호수를 건너 뛰는 공격적인 티샷이 필요한 홀이다. 또한 헤저드와 좌측 벙커를 피하는 정교한 세컨드 샷이 필요하다. 블라인드 그린에서는 정교한 핀 공략에 주의해야 한다.

On your way to the tee complex you will pass one of the unique features of the course...a magnificent spire of rock weathered over the millennia. This uphill par 5 presents options for both safe and aggressive lines of attack on your tee shot and your second shot. The conservative route on your drive plays down the center or long-hitters can take dead aim over the bunker at the inside of the dogleg right. Your second shot must avoid the two gaping bunkers short and left of the 2nd landing area. Play short or right of these bunkers and you have a shallower angle into a partially blind green. However, you can play over these bunkers and be rewarded with a shorter approach and better view into the green. Note that the “deception” bunker short and right will affect your perspective of distance. Take one more club and play to the right half of the green to avoid the hazard left of the putting surface.

Hole #4

○ Par 3

○ 148 Yards

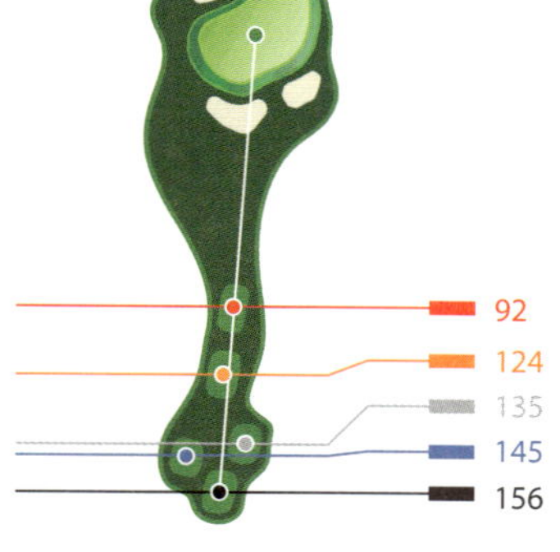

● 숲과 계곡에 둘러싸여 파묻힐 듯한 홀이다. 그래서 특히 핀과의 거리 계산에 세심한 주의를 기울여야 한다.

This uphill 3 par is nestled into a beautifully wooded box canyon with a dramatic natural rock cliff as a backdrop. Distance control and depth perception will be rewarded here. Check the tree tops as swirling winds can affect your ball flight. Take up to one additional club on your tee shot and understand which of the two tiers that the flag is on for your best chance at par or a possible birdie!

Hole #5

○ Par 4
○ 394 Yards

● 경쾌하게 내리막 티샷을 구사할 수 있는 도전적인 홀이다. 왼쪽의 폰드와 오른쪽의 벙커를 피하는 정교한 아이언 샷이 필요하다.

A breathtaking view awaits the players from the elevated tee ground. The fairway lies some 35 meters below and offers the opportunity to 'grip it and rip it'. Take your tee shot across the bunker complex tucked into the left corner of the dogleg for a shorter shot into the green. The green is well protected by sand bunkers short right and center right and is also guarded on the left side by a lake. As with most greens at 360° Country Club, this green can be attacked with an aerial or with a bump & run approach shot. Flags placed on the back half of the green will be very intimidating!

Hole #6

○ Par 4
○ 361 Yards

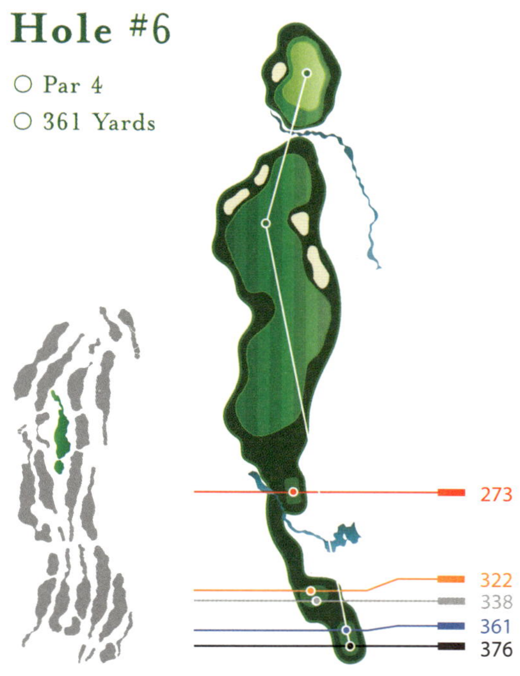

● 넓은 계곡을 건너 치는 정확한 드라이버 샷이 필요한 홀. 가볍고 정교한 세컨드 샷으로 길고 좁은 그린을 공략해야 한다.

This is the shortest par 4 on the front nine and it rewards precision shot-making from the tee to green. You can use your driver, 3-wood or other long club for an accurate tee shot to one of the two distinct landing areas...either short of the crest to the widest part of the fairway deck being careful to avoid the surrounding bunkers. Or go long through the narrow neck of the fairway beyond the slope while avoiding the target bunker for a shorter and better view into the green. Your approach shot is directly affected by your drive to the unique three-tiered green complex. The approach shot must negotiate through the grass bunker left and the sand bunker fronting the right side of the green and land softly onto the long and narrow green. A long and snaking grassy swale lurks behind and right of the green deck.

Hole #7

○ Par 3

○ 137 Yards

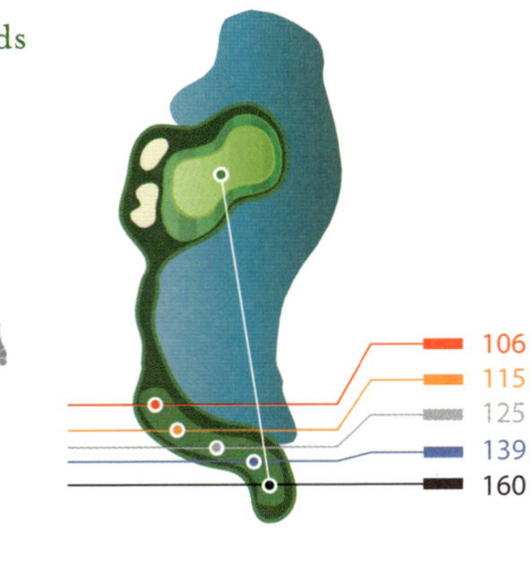

● 반 아일랜드형 그린 콤플렉스로 구성된다. 돌담을 쌓고 그 위에 그린을 올려 놓았다. 그래서 티 그라운드에서 그린을 바라보면 마치 조그마한 섬이 물에 떠 있는 듯한 느낌이다. 폰드가 부담감을 주기에 핀과의 정확한 거리 측정과 정교한 방향성이 필요한 홀.

The shortest par 3 on the golf course is defended by a lake which wraps around the peninsula-shaped green. Players have to choose their line of play... either playing left to the higher green deck away from the lake but avoiding the two deep bunkers... or attacking the shallower and lower right tier of the green surrounded by water. Natural rock facing along the green edge provides a beautiful accent to this short but treacherous green.

Hole #8

○ Par 5
○ 512 Yards

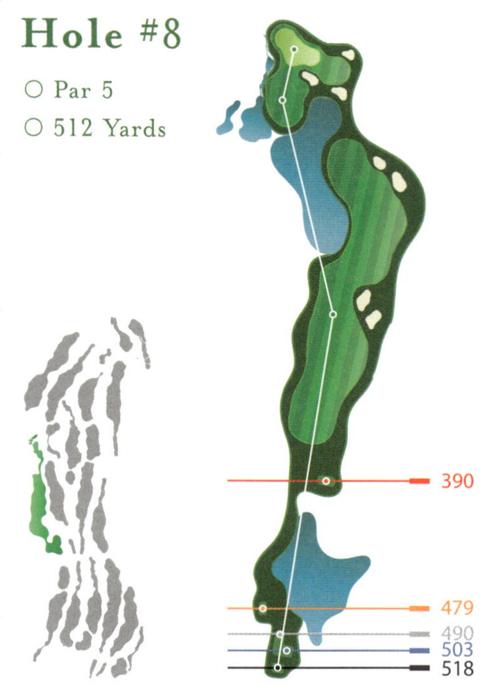

● 거리 및 방향성을 만족하는 티샷이 요구되는 홀이다. 폰드를 건너뛰는 도전적인 세컨드 샷, 또는 폰드 오른쪽을 겨냥한 안전한 세컨드 샷을 선택할 수 있다. 위험 요소를 고려하여 경기 운영을 현명히 해야 한다.

This challenging par 5 rewards both the long-hitter as well as the accurate player utilizing clever game management skills. Take aim down the center of the fairway and avoid the two deep fairway bunkers guarding the right side. Players must then decide whether to play it safe to the right of the lake or go for the green in two. Either decision must consider the multiple hazards guarding the green...the lake in front with cascading falls along the left side... and the multiple sand and grass bunkers surrounding the tiered green surface!

Hole #9

○ Par 4

○ 366 Yards

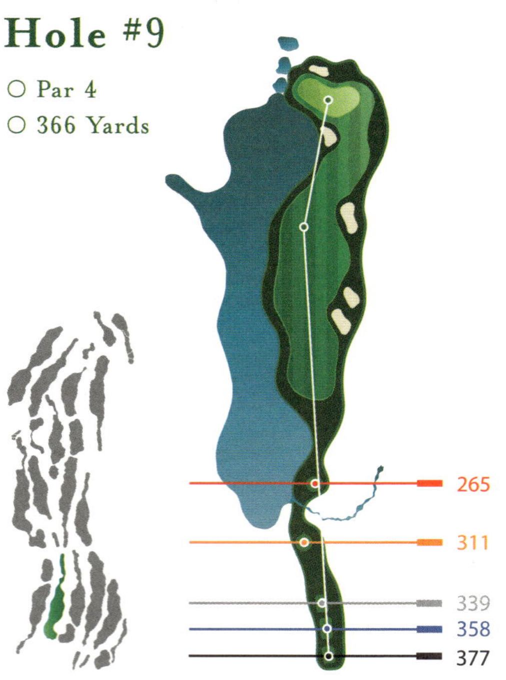

● 홀 왼쪽에 넓고 긴 폰드가 있어 확 트인 아름다움을 느낄 수 있다. 티샷은 호수와 벙커 사이를 목표점으로 설정해야 한다. 정확한 세컨드 샷의 거리 측정이 필요한 홀이다.

Another beautiful vista awaits the golfer from the tee of this closing par 4. The large signature lake on axis with the clubhouse runs the length of the left side of the fairway. Three sand bunkers guard the right side of the landing area. Pick your line and length of attack with your drive to set up the approach into the shallow green set on a diagonal. Be aware of the two sand bunkers and two grass collection hollows ready to penalize a wayward approach.

Hole #10

○ Par 4

○ 399 Yards

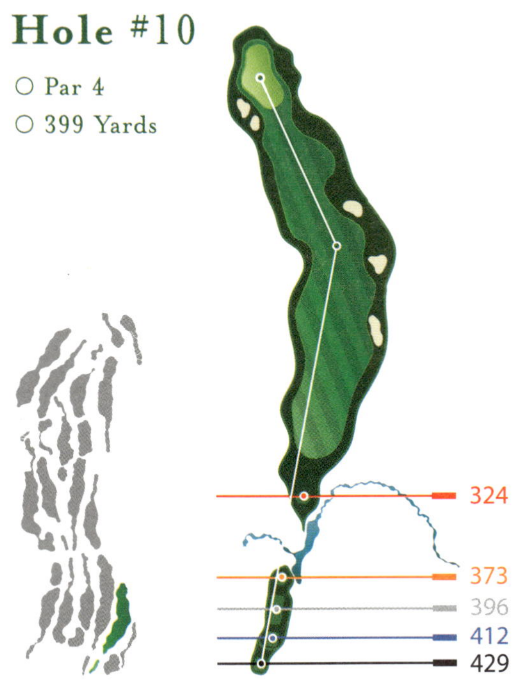

● 홀의 전체적인 경사가 우측에서 좌측으로 기울어져 있다. 따라서 우측을 겨냥한 티샷이 필요하다. 아름다운 그린 주변 경관을 감상할 수 있는 홀이다.

A very demanding par 4 that slowly climbs towards the ridgeline in the distance. Drives that favor the center to right side of the fairway while considering the three bunkers will have a better angle into the green. Consider taking an extra club for your uphill approach shot onto the right center of the green for your best chance to avoid the steep drop-off left of the target. Savor the view from the green which offers a sweeping view of the amphitheater of golf below!

Hole #11

○ Par 3

○ 224 Yards

● 티샷에 위협을 줄 수 있는 자연림과 조성림의 조화가 잘 이루어져 있다. F/W 뒤의 계류와 왼쪽의 넓은 벙커만 피하면 무난히 파를 기록할 수 있는 홀이다.

Standing on the tee of one of the longest par 3's on the golf course presents a magnificent view of the green below. Players must carry over the grass swale cutting across the fairway and steer clear of the sand bunkers along the right side of the hole. The green sets up along a slight diagonal and presents three distinct decks...the higher center deck separates the front and back pin placements. Say your prayers and hope for the best. A par is a great score on this hole!

Hole #12

○ Par 5

○ 511 Yards

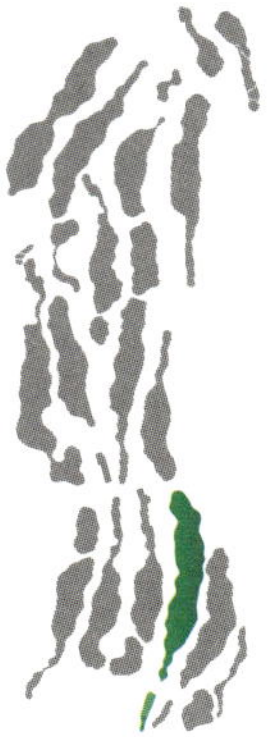

399
435
514
534
561

● 장타자에게는 버디를 노릴 수 있는 파 5홀이다.

This uphill par 5 starts near the clubhouse and traverses the entire length of the bowl-like amphitheater. Only the very best players will be tempted to reach this green with two accurate rifle shots. Navigate your way up the hole and through the seven bunkers scattered about the fairway. This hole will yield a fair number of birdies but double bogey is not out of the question for a poorly executed shot.

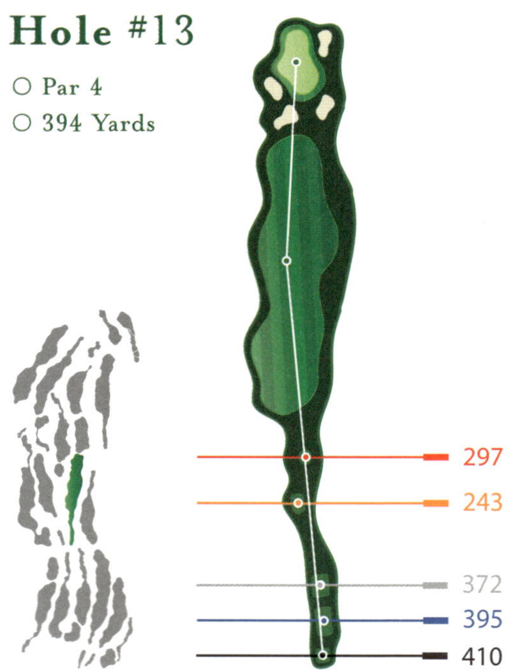

● 티 그라운드 왼쪽에는 경사진 사면이, 오른쪽에는 원형의 보존림이 있다. 그로 인한 티샷의 부담감이 발생할 수 있기 때문에 F/W 벙커가 없다. 세컨드 샷은 그린 주변의 벙커를 피하는 샷이 필요하다.

From the tee, this medium length 4 par gives a slightly intimidating perspective of a narrow driving chute. However, the landing area is larger than it appears and there are no sand bunkers protecting the fairway. With confidence place your drive down the right side of the fairway as the contouring will kick balls to the left. A slight fade will hold the slope but an excessive draw may find the rough. An accurate approach shot must avoid the cluster of four greenside bunkers. Also notice the gentle ridge middle right of the green which will affect not only shots into the green but your putting stroke.

Hole #14

○ Par 4
○ 422 Yards

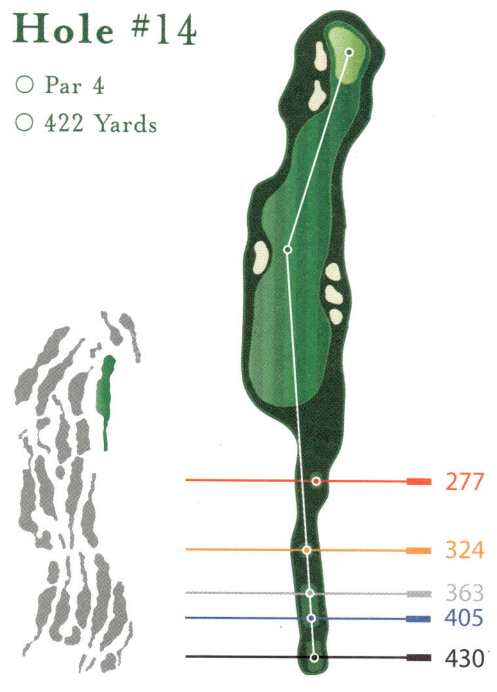

● 스카이 코스(Sky Course)로도 불리며, 페어웨이에서 바라보면 하늘과 그린이 맞닿아 마치 하나의 공간인 느낌을 준다. 421야드 파 4홀로 길고 정확한 티샷이 필요하다. 만약 거리가 충분치 못한 경우엔 투온이 힘들 수도 있다. 좋은 F/W, IP 주변의 심한 언더레이션 그리고 벙커가 있어 꽤 까다로운 홀.

The longest par 4 on the back nine plays uphill to a tight landing area guarded by two bunkers right and one bunker long and left. Get your tee shot as far up the fairway as you dare and favor the right side to account for the side slope. Your approach shot can fly into the green or is receptive to a low runner navigating through the wavy contours. The more difficult pin position will be at the narrower front lobe. If you miss your shot, miss it right for a chip back to the green from the grass bunker. Miss it left and pay a big penalty! However you play this hole please take time to enjoy one of the many stunning views of the valley and distant mountains presented along the way.

Hole #15

○ Par 3
○ 226 Yards

● 자연림으로 둘러싸여 친환경적 느낌을 주는 파 3홀이다. 정확한 티샷의 방향성을 요구하기도 한다. 그리고 특히 그림 좌측의 모래 벙커를 조심해야 한다.

This long par 3 plays downhill to a long green perched out on a point with a dramatic natural rock face cliff looming on the right hand side. Take notice of where the flag is as it could be up to a two club difference from a front pin to a back pin position. Check the treetops for an indication of any breeze which may affect the ball flight. The linear bunker along the entire left side of the green may catch the errant tee shot preventing a lost ball. The right side features a grass hollow in the front and two sand bunkers along the right hand side.

Hole #16

○ Par 5

○ 518 Yards

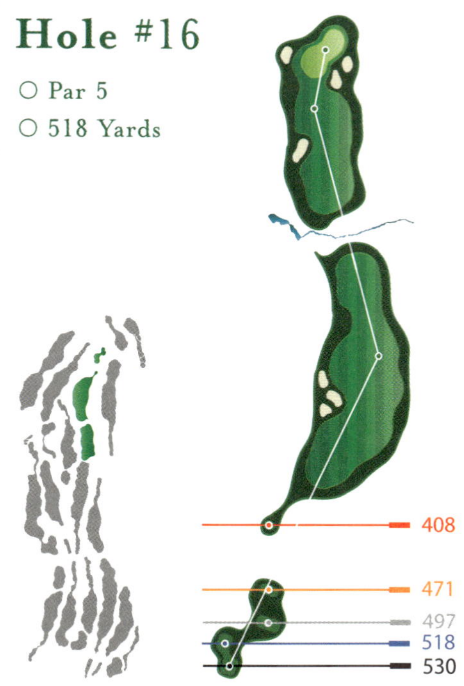

● 내리막 티샷의 도그랙 레프트의 파 5홀이다. 좁아지는 퍼스트 IP에서 넓어지는 계곡 건너 치는 세컨드 IP로 구성되어 있다. 장타자라면 투온이 가능하기도 하다.

Turning north and heading back towards the clubhouse the tee ground sets nearly 25 meters above the fairway. Select how much of the dogleg you dare to attempt to cut-off. Avoid the nest of three bunkers defending the left side of the 1st landing area. Your second shot must carry the big ravine with cascading creek and stay clear of the large bunker left of the 2nd landing area. Big hitters can try for the green in two with a booming shot that avoids all the bunkers. Otherwise, play it safe to the left half of the green and hope for a one or two putt. Any shots to the rear of the green have to be dead-on accurate or pay a heavy price with a recovery shot from trees and a very steep slope.

Hole #17

○ Par 4
○ 322 Yards

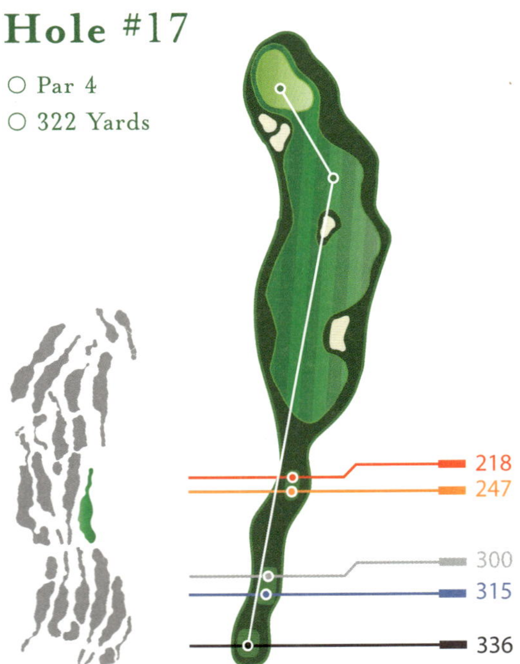

● 가장 짧은 파 4홀로 티샷시 F/W 중간의 포트 벙커를 피해야 한다. 또한 정확한 세컨드 샷 거리 측정이 필요하다. 그린의 경사가 왼쪽에서 오른쪽으로 흐르기 때문에 왼쪽을 겨냥해야 한다.

The shortest par 4 on the course offers a strategic option... play short left or short right of the pot bunker dead-center of the fairway. Or take a very aggressive and risky line over the pot bunker and have a short pitch into the green. Hit your drive too long and you will have to recover from a deep grass bunker to the right or one large sand bunker left of the green. Hit your drive to the right off of the fairway and plan on adding a penalty stroke. Favor the left side of the green on your approach as any shot that drifts right may leave you with a very awkward side hill lie. The green is defined by an upper left deck and a lower right deck.

Hole #18

○ Par 4
○ 416 Yards

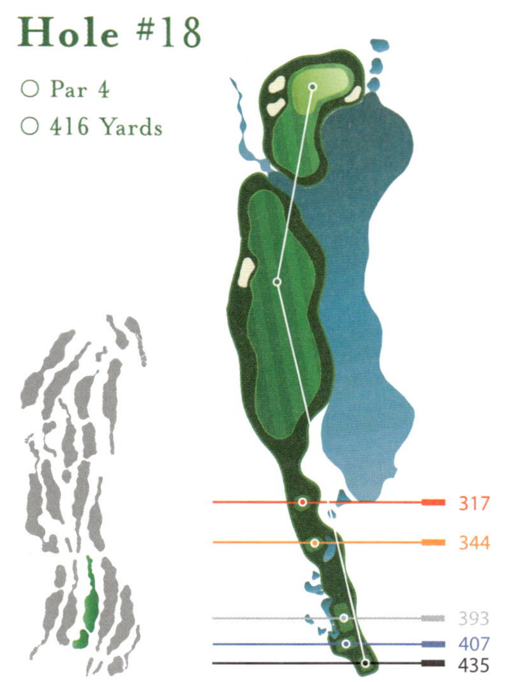

● 마지막 홀. 클럽하우스의 웅장한 배경과 왼쪽의 여러 단 폭포로 연결된 호수로 구성된다. 계류를 남긴 세컨드 샷이 이루어지면 부담 없이 경기를 마무리 할 수 있다.

The home hole brings a climax to the memorable and unique golf experience offered at 360˚ Country Club. The elevated tee complex features a dramatic stream with cascading waterfalls that meanders down to the signature lake. Play down the left side of the fairway staying out of the numerous grass bunkers and two sand bunkers long and left of the landing area. Take notice of thecreek that crosses the fairway short of the green and helps to define the driving zone. The green is defended by water, sand and grass bunkers. While putting out enjoy the view of the tranquil lake and soothing sounds of the cascading waterfall and colorful landscaping.

EARTH
WATER
FLOWER
WIND
360°
COUNTRY CLUB

〔花Flower〕360° Country Club A Small Village Becomes One with Nature

○ Beauty comes first with the sensual impression about the exteriors such as shapes and colors; yet it contains multi-dimensional properties including artistic appreciation from actual experiences as well as ethical judgment by rational considerations. We find beauty not only in the natural harmony or well-shaped artwork, but also in broader objects such as precisely drawn line of arc, well-operating machine or the action of faithful laborer. Thus, beauty comes out when objects and actions show the true self eventually. We set truth, goodness, and beauty in such order because we put higher value on truth and goodness than on beauty. Beautiful architecture must be truthful and good architecture first as well as good-looking one. Seung Hyo-Sang is most appreciated for his architecture bearing these various multi-dimensional beauties inside.

○ First, Seung Hyo-Sang's architecture always starts from now and here, that is, from who we are. He doesn't make the owner or user of the house hesitate for the unfamiliarity, or puzzled from novelty. These two- unfamiliarity and novelty-, actually, are the easiest schemes to bring artistic tension. They simply guarantee the architect's artistic attitude. However, architecture is different from other arts such as paintings or sculptures in that it is an object for general use. When an architect faces his assignment, the first thing that comes to his mind is rather ontological questions, such as what exactly it should be and why it should be there. Most architecture, if not private residences, would be used by more people than an owner himself after being completed. The users of the architecture include all the people working inside, users coming and going, and even passers-by who take a look at it. This is why we emphasize on the public features of the architecture and the qualification of the architect is protected by law. The architect should reflect the requests from the owner and at the same time, he should take care of

〔花Flower〕 자연과 하나 되는 작은 마을, 360도

〔360° 컨트리클럽〕

건축적으로 본 승효상의 360도 컨트리클럽 클럽하우스

Text by **Jeon Bong-Hee** |Jeon Bong-Hee studied at Seoul National University and received doctor's degree with the study on Korean architecture history. Currently the professor at the department of architecture, Seoul National University is leading architecture history laboratory. As well as establishing archives on traditional Korean housing and its modernization, Jeon has performed field surveys and projects in East Asian countries including China, Japan and Vietnam. His theses subjects vary from ancient Korean architectures to modern and contemporaries. He has published <An Architecture Survey of Beijing Siheyuan in Xijiulianzi Hutong> <3×3 A typological Approach on Korean Architecture> with a translation work <Holzbaukunst>.

〔花 Flower〕 승효상의 360도 컨트리클럽 클럽하우스 | **자연과 하나 되는 작은 마을, 360도**

글 | **전봉희** | 서울대 교수, 건축학

the unknown owners, direct and indirect users of the building, and their unspoken requests as well.

○The clubhouse at 360° Earth Water Flower Wind Country Club represents a village created by a huddle of several houses. As we often notice in the countryside farming village, there is a huge shade tree in the middle, surrounded by small houses to shape a community. This house is a single building with one internal space on the whole, yet the roof and walls forming its exterior are divided into several clusters in a proper volume. We find ourselves to feel the clusters like a house. Furthermore, its size is adjusted to human body and behavior measurements so that we could feel most accustomed. Each cluster has the width suitable for basic spaces such as office, dining room, fitting room, bathroom and so on. These small clusters gather to form a big building outside, and the inside becomes a large interior space connected to each other. This method, however, occurs a tricky problem to deal with the connecting parts of the clusters. Handling this very problem shows the architect's creativity and the modeling achievement of this building. The wisdom and experiences of traditional Korean architecture helped, too. The traditional architecture place a garden between the buildings. This garden plays an important role for each small building to work properly and make a big facility. The garden becomes a space for larger scaled events than those held inside, or an appropriate method to make the connecting parts of each building shape well with another.

○The core of interior space is the main lobby with inner court full of light. Here people can see the wings of three or four houses spreading to both left and right side, slightly out of angle for rather natural feeling. While the main lobby plays a central courtyard of a village, there are small lots and alleys placed between the buildings. The passage dividing dining room and kitchen and the way to male fitting room, for instance, are very much alike to the small alleys with full sunshine in the village. The small gardens between also make people feel as if they are strolling along the village pathways. Seung Hyo-Sang didn't want the clubhouse to be a grand hall overwhelming the golfers. He seems to make the group in three or four feel like taking a walk chatting like a close family. The group to be one house, this whole place with them would become a village.

○The exterior shape shows the staircase with pipe shaft makes the vertical center. Seen from outside, the clubhouse

〔花Flower〕-1-1

건축가 승효상은 누구인가 ○ 현재 한국을 대표하는 건축가 중 한 사람에 승효상을 꼽는 데 주저하는 사람은 없을 것이다. 건축도 예술이므로 각 건축 작품에 대한 호오가 사람마다 있고, 또 건축가에 대한 평가도 엇갈릴 테지만, 국제 교류를 통하여 국제 건축계에서 한국 건축의 위상을 높이고 국내의 여러 분야에 걸쳐 다양한 협동 작업을 해 가며 건축 문화를 널리 알린다는 점에서 그의 활동을 따라갈 건축가는 분명히 없다. 2002년 국립현대미술관 '올해의 미술가'로 선정된 것은 건축가로서는 아직도 유일한 일이고, 베니스 건축 비엔날레의 한국관 커미셔너(2008년)를 맡았을 뿐 아니라 국제관의 설치 작가로 초청(2002년)을 받았다. 한국 건축가로는 드물게 중국에 현지 사무실을 운영하면서 베이징과 하이난 그리고 베를린 등 외국에 작품을 만들었고, 미국과 유럽, 아시아의 여러 나라에서 전시회를 열었다. 이러한 작업의 성과로 2002년 미국 건축가 협회(AIA)의 명예 회원(Honorary FAIA)으로 피선되었으며, 2011년에는 광주디자인비엔날레의 예술 총감독으로 세계의 건축가와 디자이너들을 초대한 초대형 디자인 축제를 성공적으로 수행해 냈다.

brings up the image of a village of small narrow houses with same triangle roofs. Gathered in slightly different angles, the houses of the houses look more like an old countryside village with houses standing along the foot of a mountain. While other shapes lining long horizontally, the staircase at the back of entrance lobby counter is standing high to reach the rooftop, above all other shapes like a bell tower. This vertical mass plays as a center among the whole flat figure.

○ This flat figure repeats at the main entrance canopies. This small entrance not much higher than a person provides the first impression far different from other common clubhouses. This house does not give any exotic or retro sense. All the elements here in this house are so ordinary.

○ It is very difficult to create something extra-ordinary out of things so ordinary. To maintain the classiness, this requires the whole balance between each part as well as between the parts and the whole, and also the architect's effort in every detail up to the final process. The ceiling of the main lobby, for instance, first looks quite rough yet its lighting process is very exquisite. The surface exposes horizontal beams for the structure at regular intervals as they are, and lightings are placed on the empty intervals with semi-floodlight covers for natural lighting effects. Some intervals are open to bring the natural light inside and increase the sense of unity.

○ 360° Country Club is an open space for everybody to use. Most of the visitors are weekend-golfers expecting to be free from the artificial everyday life in the city by the basic combination of nature and sports. Thus it is natural to provide the consolation in nature, rather than loud gatherings or showing-offs. This is how Seung Hyo-Sang connects this place with his 'Beauty of Poverty' he declared as standing alone from his teacher Kim Soo-Geun(1931~1986). The mass are formed without decorations, like a cube simply assembled with some faces. The wall, floor and roof are as raw as the material itself not even with paintings on it. The most splendid stuffs here would be rather the small gardens open between the clusters, and the light, wind and small grass inside. They would be the shadows falling and moving on the wall, the leaves lying on the ground, the sky full in the window, the mountain or the field. This humble house lowers itself to lighten up the objects, like a stand to see the view.

〔花 Flower〕-1-2

승효상의 건축 세계 ○ 국내에서 사회적 활동도 활발하여 미술계, 문화계 인사들은 물론 정치계, 경제계도 그를 통하여 한국 건축에 대한 인식을 새롭게 하고 있다. 늘 생활에서 접하면서도 별난 사람들의 특수한 작업으로 치부되곤 하던 건축에 대하여 그는 어눌한 듯 정곡을 찌르는 비유들과 핵심을 파고들어 바로 목적지로 향하는 명료한 주장으로 대중의 이해를 넓히고 있다. 그러나 그의 사회 참여는 건축가의 직분을 넘지 않는 것으로도 유명하다. 국내외로 높은 평가를 받고 많은 분야의 사람들과 교류하며 언론에 자주 노출되다 보면 오만 가지 사회 현상들에 대하여 논평을 주문받기가 일쑤고, 정권의 부침에 따라 갖가지 공적 직책을 제안받는 것도 이상한 일이 아니다. 그러나 그는 건축가로서 해야 할 이야기만 하고 그마저도 말보다는 매번 새로움을 세상에 선보이는 작품을 통하여 발언하고 있다. 고 노무현 전 대통령의 묘역(2009년)을 조성하는 작업은 정치 지향의 여하를 벗어나 참된 존재와 기념의 의미를 다시 생각하게 하는 성찰의 기회를 제공하고, 웰콤 시티(2000년)의 건물과 공허부가 만들어 내는 빈자리는 서울의 일상 풍경이 어떻게 품위를 갖고 새롭게 인식될 수 있는지를 보여 준다. 수졸당(1993년)에서 보여 준 한옥에 대한 해석은 형태냐 공간이냐를 두고 벌어졌던 오랜 전통 계승 논쟁에 하나의 마침표를 찍었으며, 수백당(1998년)에 이르러서는 보다 자유로운 필치로 그가 하는 모든 작업이 곧 한국 건축의 전통에 뿌리를 두고 있음을 여실히 보여 주었다.

승효상의 수백당, 1998년.

〔花Flower〕-2-1

건축에 대해 생각하기 ○ 윤리적 사회 활동과 예술적 재능도 부럽고 존경스러운 일이지만, 내가 진정 좋아하는 것은 역시 그의 작품이 간직한 힘이다. 그래서 그의 집을 보러 가는 일은 언제나 즐거운 일이다. 건축의 역사를 공부하는 사람으로서 동서의 여러 건물들을 직접 접할 기회를 가졌고 덕분에 건축을 보는 안목을 조금 얻을 수도 있었다. 그래서 얻은 결론은, 좋은 집은 누가 봐도 좋은 집이어야 한다는 점이다. 또한 '거장'이란 시대를 뛰어넘어 많은 사람들이 따르고 싶어하는 선배의 다른 호칭이라는 평범한 사실이다. 누군가의 설명을 들어서야 비로소 좋아 보인다거나 어느 한 쪽 사람들만 좋아하는 건축은 예쁜 집일 수는 있어도 좋은 집은 아니다. 그렇다면 좋은 건축이란 무엇을 말함일까. 교과서에 있는 표현을 빌리자면, 좋은 건축이란 사용하기 편하고 튼튼하고 경제적이며 아름다운 것이어야 한다. 그런데 이미 2천 년 전의 로마 시대에도 그렇게 기록되어 있고 지금도 여전히 같은 이야기를 하는 것을 보니 그것을 달성하기가 그리 쉽지는 듯하다. 물론 위의 조건들이 모두 똑같은 무게로 취급되는 것은 아니고, 얼핏 보면 서로 충돌하는 듯 보이기도 한다. 또 앞의 세 조건이 비교적 객관적이고 수치로 측정되는 기준을 가지는 데 반하여 마지막의 조건 즉 아름다움은 인류와 건축이 함께 하는 한 두고두고 건축적 논란의 중심을 이룬다. 그래서 오히려 역설적으로 모든 건축가들이 인생을 걸고 추구하는 최종의 지향점이 된다.

〔花 Flower〕-2-2

좋은 건축이란 ○ 아름다움은 일차적으로 형태와 색채 등 외관에 대한 감각적 인상에 따른다. 하지만 실제 접하고 경험할 때의 예술적 감동, 그리고 이성적 생각을 거치며 얻는 윤리적 가치 판단에 이르기까지 다차원적 속성을 갖는다. 그러므로 자연의 조화로움이나 균형 잡힌 조형을 두고 아름답다고 표현하기도 하지만, 때에 따라서는 정확하게 그려진 포물선이나 잘 작동하는 기계를 두고도 아름답다고 하고, 심금을 울리는 감동적인 음악의 선율과 멋진 그림을 보고도 아름답다고 하며, 자기 일에 충실한 노동자의 모습을 보고도 아름답다고 한다. 아름다움은 궁극적으로 사물과 행위가 마땅히 해야 할 일을 하고 있을 때, 즉 본연의 참 모습을 보여 줄 때 드러나는 가치다. 우리가 진-선-미(眞-善-美)라고 순서를 정한 것은 감각적인 아름다움보다는 참됨과 선함을 더 큰 가치로 보고 있기 때문이다. 그러므로 아름다운 건축이란 예쁜 건축일 뿐 아니라 선한 건축이고 참된 건축이어야 하며, 앞서 이야기한 좋은 건축의 요소를 모두 갖추었다는 의미일 것이다. 내가 그의 건축을 높이 평가하는 것은 이러한 다양한 차원의 아름다움을 그의 건축이 가지고 있기 때문이다.

예술인 동시에 일상인 건축 ○ 우선 승효상의 건축은 언제나 여기 이 곳, 즉 지금의 우리들로부터 시작한다. 상업적인 카페에서 흔히 보이듯이 마치 지상에 존재하지 않을 것 같은 비현실적인 일탈이나 잠시 자신의 성장을 잊게 하는 동화 같은 어린 몸짓으로 사람을 유혹하지 않는다. 남들이 아직 보지 못한 신기한 것을 몰래 가져와 슬그머니 꺼내놓는 따위의 장난을 치지 않는다. 때문에 집주인이나 이용자로 하여금 낯섦 때문에 주저하게 하거나 신기함으로 어리둥절하게 하지 않는다. 사실 새로움과 낯설음이야말로 예술적 긴장을 부여하는 가장 손쉬운 방법이다. 기존에 존재하던 일상적인 것들을 비틀고, 전혀 상관없는 것들을 억지로 연결시켜 이상하게 만들고, 아직 눈에 익지 않은 신기한 것을 전면에 내세우는 방법은 보는 이로 하여금 거기에 무언가 있을 것이라는 기대감을 갖게 만든다. 건축가의 예술적 태도는 그것으로 쉽게 보장 받는다. 하지만 건축은 일상적으로 사용하는 대상이라는 점에서 회화나 조각과 같은 예술품과 다르다. 회화나 조각은 원하는 사람이 자극이 필요한 시간에 선택적으로 찾아가서 강하고 짧은 경험을 하고 돌아오면 그만이지만, 건축은 늘 같은 자리에 고정되어서 원하든 원하지 않든 이용자들과 심지어 오가는 사람들에게도 노출된다. 장기적인 예술 경험의 대상인 것이다. 따라서 건축 예술의 감흥은 어쩌다 마주치는 예술품에서 보는 자극적 강렬함으로만 버틸 수는 없다. 건축은 예술이지만 동시에 일상이기도 하다.

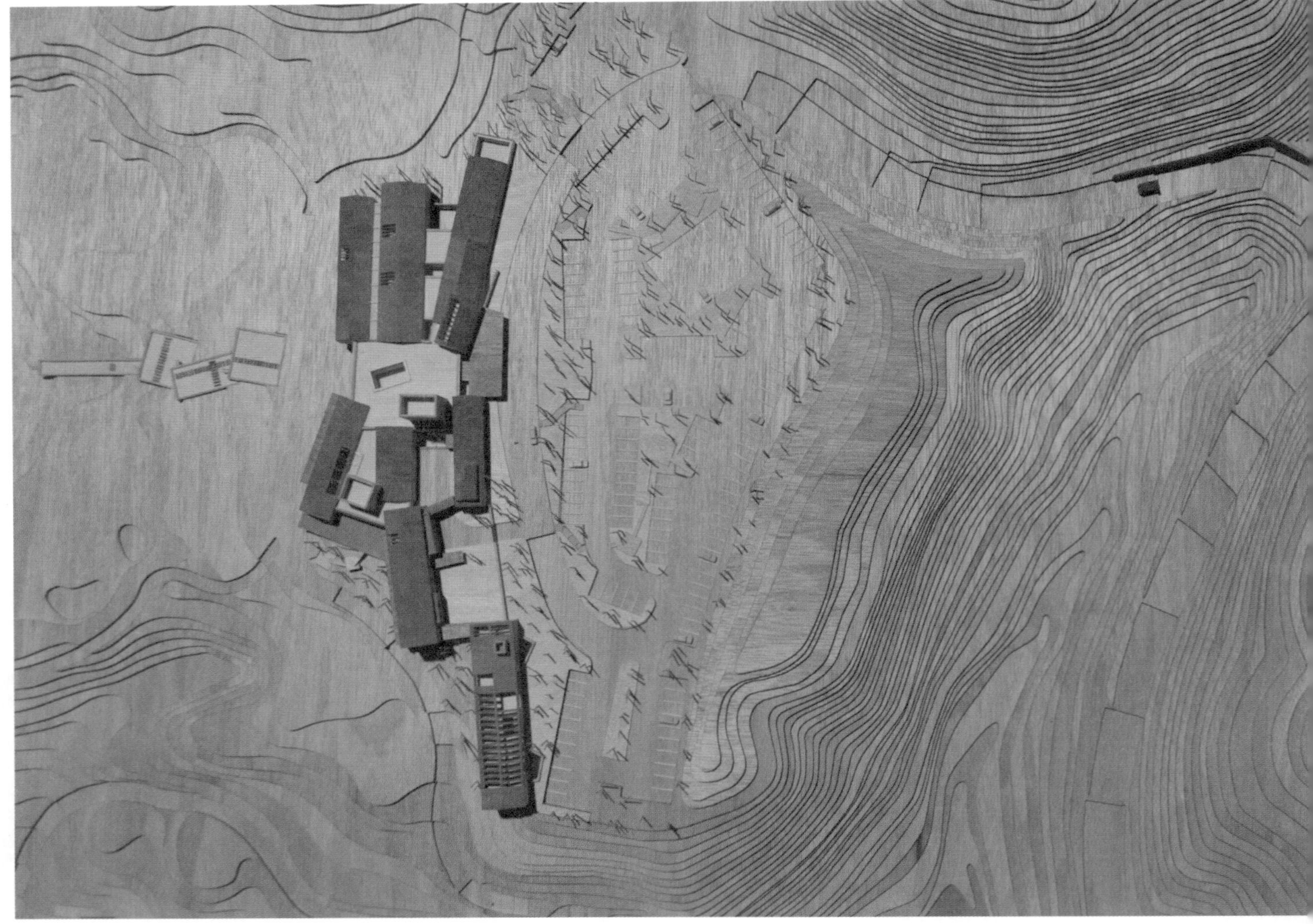

〔花Flower〕-3-2

장소를 끄집어내는 일 ○ 건축이 장소에 고착되어 있다는 말은 또 다른 고민을 만들어낸다. 장소를 옮겨 다닐 수 있는 다른 예술과 달리 건축은 한 자리에 머물러 있으며, 바로 이 점 때문에 건축은 그것이 놓이는 장소의 정신에 훨씬 민감하게 대응해야 한다. 가령 강원도 산촌에 지어지는 건물과 서울 중심가에 있는 건물이 서로 다를 것이라는 짐작은 쉽게 할 수 있을 것이다. 마찬가지로 더 구체적으로 들어가면 바로 인접해 있더라도 산자락의 이 편에 지어질 건물과 저 편에 지어질 건물은 결코 같을 수 없다. 그렇기 때문에 건축가들이 새로운 작업을 시작할 때 가장 먼저 하는 일은 그것이 지어질 장소를 찾아가는 일이다. 이 점은 미켈란젤로(Michelangelo Buonarroti, 1475~1564년)가 자신의 작업은 단지 잉여를 제거했을 뿐이며, 조각상은 거기에 이미 있다고 했던 말과도 일맥상통한다. 건축가야말로 이미 거기에 잠재해 있던 장소를 끄집어내는 일을 하는 사람들이다.

↑ **승효상의 웰콤시티**, 1998년. ↗ **고 노무현 전 대통령 묘역**, 2009년

〔花Flower〕-3-3

사람! ○ 그러므로 건축가가 새로운 과제를 받고 가장 먼저 생각하는 것은 그것은 도대체 무엇이 되어야 하고 왜 이 곳에 있어야 하는지와 같은 존재론적 질문들이다. 나 역시 좋은 건축을 방문할 때마다 건축가는 대체 이 건물이 무엇이 되기를 바랐을까를 먼저 궁리한다. 그것은 건물과 주변 환경이 어울려 만드는 경관에서 시작하여, 건물의 규모나 기능과 같은 기본적인 요건들에 대한 확인은 물론이고 사용한 재료와 형태, 표면 처리 등과 같은 소소한 마무리에 대한 관찰로 이어진다. 어떠한 건물이 되느냐는 건축가와 건축주의 협력에 달려 있다. 건축주가 건축가에게 전달하는 것은 비록 체계화되어 있지는 않지만 매우 현실적인 조건들이다. 이전에 보았던 단편적인 형태를 주문할 수도 있고, 막연하지만 절실한 희망을 언급하기도 한다. 건축가는 이와 같은 건축주의 희망과 조건들을 수용하여 그것을 구체적인 공간과 형태로 실현해 내는 일을 한다. 그러나 충실한 건축가라면 자신에게 작업을 맡긴 건축주만을 염두에 두는 것은 아니다. 개인 주택이 아니고서야 대부분의 건축은 일단 완공되고 나면 단지 건축주만 이용하는 공간은 아니기 때문이다. 건축의 이용자는 그 공간 안에서 작업을 하는 사람, 그 공간을 드나들며 이용하는 사람, 나아가 지나면서 그 건축을 지나치며 보는 사람까지를 모두 아우른다. 이 때문에 건축의 공공적 성격이 강조되고 건축가의 자격은 법으로 보호받는 것이다. 건축가는 건축주의 희망을 반영하되 그것을 직간접적으로 이용할, 이름 모를 수많은 건축주를 염두에 두고 그들의 무언의 희망을 반영하지 않으면 안 된다. 좋은 건축이 되는 길은 이처럼 어렵다.

〔花Flower〕-3-4

호기심 천국 ○ 그러고 보면 건축은 마치 언제나 새로운 문제를 풀어야 하는 수학과 같은 것이다. 비슷한 것은 있어도 한 번도 같은 것은 있을 수 없는 수학 문제와 같이 건축 과제 역시 단 하나도 같은 것을 할 수 없는 호기심 천국의 나라다. 어디 수학과 건축만 그럴 것인가. 따지고 보면 음식을 만드는 일도 골프를 치는 일도 마찬가지일 것이다. 주어진 재료들을 가지고 어떻게 요리하면 먹는 사람을 만족시킬 수 있을까, 혹은 매일 가는 코스라도 함께 하는 상대와 그 날의 날씨를 보아서 오늘은 어떻게 공략할까 고민하는 일은 모두 같은 차원의 전략과 전술을 요구한다. 그러므로 누군가의 건축 작품을 진정으로 즐기는 가장 손쉬운 방법은 바로 스스로가 건축가가 되어 보는 것이다. 나라면 이 집을 어떻게 지었을까를 상상하는 일은 비현실적 공상이지만 그래서 부담감도 없다. 그리고 그것은 아마추어만이 가질 수 있는 특권이기도 하다.

〔花Flower〕-4-1

생활의 폭, 사람의 스케일 ○ 360도 클럽하우스. 이 집은 여러 채 집들이 옹기종기 모여서 만들어진 마을이다. 우리가 농촌의 마을에서 흔히 보듯 가운데 큰 정자나무가 있고 그 둘레로 작은 집들이 모여 하나의 공동체를 만든다. 전체적으로 하나의 실내 공간을 갖는 단일 건물이지만, 외관을 형성하는 지붕과 벽은 적당한 크기를 갖는 여러 개의 작은 덩어리로 나누어진다. 각각의 덩어리는 그 측면 폭이 겨우 7.2미터에서 9.6미터 정도에 불과하다. 전통 한옥의 측면 폭보다는 크지만 한 줄로 길게 늘어선 아파트의 측면 폭보다는 조금 작은 치수다. 다시 말해 방이나 대청마루 하나보다는 폭이 넓지만, 방이 앞뒤로 두 줄로 들어선 오늘날의 아파트보다는 조금 좁은 정도다. 때문에 우리는 그 덩어리들을 집처럼 느끼게 된다. 게다가 그 치수는 사람의 신체와 동작 치수에 밀접하게 맞춰져 있고 우리에게 가장 익숙한 인간적 치수들이다. 각각의 작은 덩어리가 갖는 폭은 사무실, 식당, 탈의실, 목욕실 등의 기본 공간에 맞춤한 듯 적당하다.

〔花Flower〕-4-2

기능과 조형이 만난다, 마당 ○ 이 작은 덩어리들이 모여서 겉으로는 하나의 큰 건물을 만들어 내고 안으로는 서로 연결된 큰 실내 공간을 만든다. 그런데 이렇게 하려면 각 덩어리들이 이어지는 부분을 처리하는 문제가 쉽지 않다. 이 연결부의 처리에서 건축가의 창의가 돋보이고 이 건물이 갖는 조형의 성취를 볼 수 있다. 그리고 거기에 우리의 전통 건축에 보이는 지혜와 경험이 녹아 들어가 있다. 전통 건축에서 각 건물들 사이는 마당이 자리했다. 딱딱함을 이기는 것은 부드러움이라고 하듯이, 개개의 작은 건물들이 제대로 작동하여 하나의 커다란 시설을 만드는 데는 마당의 구실이 크다. 마당은 건물 안에서 수용할 수 없는 대규모의 행사를 위한 공간이 되기도 하고 개개의 건물들이 만나는 부분을 조형적으로 잘 어울리게 처리하는 수단이 되기도 한다. 경복궁 근정전 앞의 너른 마당이나 부석사 무량수전 앞에 있는 안양루의 배치는 그러한 마당의 구실을 잘 보여 준다. 이 집에서도 앞서 말한 작은 폭의 길쭉한 덩어리로 풀 수 없는 큰 공간을 수용하거나 각 덩어리들을 연결하는 일은 모두 마당이 담당한다. 다만 여기서는 그 마당에도 지붕을 두어 실내와 같은 공간으로 만든 점이 차이를 가질 뿐이다.

← 클럽하우스 중앙 로비. 중앙의 홀을 가상의 마을 마당 삼아 여러 채의 집들이 모여 있다.

360도 클럽하우스 로비 중앙. 시선은 필드 쪽으로, 힘의 벡터는 위아래 수직과 사방 수평으로 뻗어 나간다.

〔花Flower〕-5-1

중앙 마당과 골목길에 내리는 햇빛 ○ 전체 실내 공간의 중심을 이루는 것은 빛이 가득한 중정이 놓인 중앙 로비 부분이다. 이 곳에 서서 사방을 보면 좌우로 각각 서너 채의 집들이 날개를 펼친 듯 배치되어 있다. 입구 현관과 조금 어긋난 각도로 자리한 중정은 자칫 답답해 보이기 쉬운 실내 공간에 빛을 끌어들여 이 곳이 원래는 집들 사이에 놓인 실외의 마당이라는 점을 일깨워 준다. 각도를 조금 비틀어, 입구에서 식당으로 이어지는 동선을 자연스럽게 이끌면서 또 전체적으로 조금씩 어긋난 각도로 배치되어 있는 작은 덩어리들의 구성 질서와 조응하게 했다. 중앙 로비가 마을의 중앙 마당과 같은 구실을 한다면 각 건물 사이에는 집들 사이로 난 골목길과 작은 공터를 두었다. 가령 식당과 주방을 가르는 통로와 남자 탈의실로 향하는 길은 담벼락에 햇볕이 가득 내려 쪼이는 동네의 골목길을 그대로 빼닮았다. 또 두 덩어리 사이에 있는 큰 공간에는 지붕이 낮아서 외부에서는 보이지 않는 부속 시설을 넣고, 그 사이사이에 작은 마당을 두어서 마치 동네 길을 걸어 다니는 듯한 느낌을 더욱 자아낸다.

탈의실 주변 중간 중간에 작은 중정을 두어 공간을 분절하고 전체적으로 밝은 공간을 만들었다.

〔花 Flower〕-5-2

외부화된 내부 ○ 그래서 이 건물을 이용하는 사람은 큰 실내 공간에 들어 있다는 느낌을 받지 못하고 오히려 외부에서 마을 한가운데의 마당으로 그리고 골목길을 거쳐 각 집으로 들어가거나 다시 돌아 나오는 시간적인 흐름을 경험하게 된다. 이 과정에서 세부 처리가 돋보이는데, 실내의 통로이지만 단위 집의 벽이 되는 면을 마치 골목길의 주택 외벽처럼 거친 콘크리트 마감으로 처리한 점, 골목의 중간 중간에 햇볕이 드는 작은 마당을 설치한 점, 거친 마감의 화강석 돌바닥으로 중앙 로비와 통로 공간 바닥을 처리한 점 등은 이와 같이 외부화된 내부를 표현하기 위한 장치들이다.

〔花 Flower〕-5-3

공간을 왜 쪼갰을까 ○ 그렇다면 그는 왜 이런 공간의 분절을 이용하였을까. 같은 공간을 하나의 커다란 공간으로 만들어도 되는데 왜 이렇게 작게 나누어 놓았을까. 그 가장 기본이 되는 해답은 이 장소에 대한 그의 생각을 보면 드러난다. 그는 골프장의 클럽하우스가 사람들을 위압하는 거대한 홀이 되기를 원치 않았다. 서너 명씩 짝을 지어 찾아온 일행이 가족처럼 도란도란 이야기를 나누며 산책하는 곳으로 만들고 싶어 했을 것이다. 그렇게 하나를 이루는 작은 단위들 각각을 집과 짝짓는다면, 그들이 모여서 이루는 공동체는 마을이 되는 셈이다. 이런 그의 생각을 목욕탕에서 가장 잘 볼 수 있다. 목욕탕의 욕조는 정확히 여덟 명이 들어가서 자리를 잡으면 꽉 차는 크기다. 탈의실이 하루 중 내방하는 사람의 숫자만큼 있어야 하는 옷장 때문에 커질 수밖에 없지만, 그에 반하여 욕조를 동시에 이용하는 숫자는 두 팀 이상이 될 일이 흔치 않다. 따라서 클럽하우스의 욕실은 큰 탈의실에 비하여 매우 작은 욕장으로도 충분하다. 큰 탈의실 또한 빛을 끌어들이는 중정을 군데군데 두어서 가능한 작은 구석들로 마디를 나누었다.

〔花Flower〕-6-1

중심을 잡는 수직 탑 ○ 전체 실내 공간 구성에 중심을 잡아 주는 것이 중앙 로비와 그 한가운데 비스듬하게 하늘로 뚫린 작은 마당이라면, 외부의 형태 구성에서는 설비 샤프트가 들어가 있는 계단실이 수직의 중심축을 이룬다. 외부의 형태 구성 역시 앞서의 실내 공간에서와 마찬가지로 단순한 박공 지붕을 이은, 좁고 길고 작은 집들이 모인 마을을 연상케 한다. 각각의 집들은 서로 조금씩 각도가 어긋나게 모여 있기 때문에 마치 산기슭을 따라 여러 집들이 모여 있는 우리의 시골 마을과도 닮았다. 다른 모든 형태들이 수평으로 길게 늘어서 있는 데 반해, 현관 로비 카운터 뒤에 있는 계단실 부분은 옥상으로 오르기 위해 다른 층보다 한 층 더 높이 올라가야 하고, 그 위에 다시 공조기의 실외기를 두는 설비 공간을 계획하여 다른 모든 형태들 위로 우뚝 솟은 종탑과 같이 만들었다. 이 수직 덩어리가 전체적으로 수평을 이루는 외관에 중심을 잡아 주는 구실을 한다.

〔花Flower〕-6-2

저들의 클럽하우스 ○ 수평선을 강조하는 것은 현관 입구의 캐노피에서도 반복된다. 겨우 사람의 키를 넘을까 싶을 만큼 낮은 높이로 처리한 조그마한 현관은 이 집이 다른 일반적인 골프장의 클럽하우스와 크게 차이 나는 첫 인상을 제공한다. 아직 우리 나라에서 골프는 상류층의 스포츠로 여겨지고, 때문에 골프장의 얼굴이라고 할 수 있는 클럽하우스의 현관 부분은 고급 호텔의 로비처럼 크기가 과장된 위압적인 형태, 대개는 중세 유럽 귀족들의 저택과 같은 형태를 모방하곤 한다. 그것은 그 곳을 출입하는 사람들에게 특별한 우월 의식이나 색다른 경험을 유도하려는 장치다. 즉 우리 나라 골프장의 클럽하우스들은 '지금 여기'가 아닌 과거나 미래의 어떤 다른 곳에서 그대로 날라 온 듯한 엑조티시즘을 대중적 코드로 즐겨 이용한다.

우리의 클럽하우스 ○ 하지만 이 집은 이 대목에서 전혀 다른 접근법을 구사한다. 말하자면 정공법이라고 할 수 있겠다. 전혀 이국적이지 않고, 그렇다고 사라진 과거의 것을 그대로 모방하여 색다름을 주지도 않는다. 무척 일상적인 요소들을 사용한 것이다. 일견 무모한 도전으로 보이기도 하는데, 일상의 건축 어휘들을 매우 조직적으로 구성함으로써 우리가 잊고 있었던 일상적인 것들의 품격을 되살려내는 것이다. 그가 사용한 건축 어휘로는, 철근 콘크리트의 거친 표면—소나무 널쪽을 가로로 나란히 연결한 특별한 거푸집을 이용하여 마치 벽돌을 쌓은 듯한 표면 질감을 얻어냈다—과 평범한 삼각지붕—동판으로 적당한 간격으로 세로 줄을 내어 면을 만든 것으로 특별한 점이라면 돌출부가 거의 없이 짧게 마무리한 처마선 정도다—를 눈여겨 볼 필요가 있다.

디테일의 힘 ○ 평범한 것을 이용하여 비범하게 만드는 일은 무척 어렵다. 다 같은 검정색의 천으로 짓고 스타일도 크게 다르지 않은 정장 양복에서 도저히 따라갈 수 없는 큰 차이를 만드는 일이 그렇듯 말이다. 이와 같은 품격을 유지하기 위해선 우선 전체를 구성하는 각 부분과 부분, 그리고 부분과 전체 사이의 균형을 잘 유지해야 하고, 각 부재 하나하나의 마지막 처리의 세세한 작업에까지 작가의 정성이 들어가야 한다. 가령 중앙 로비의 천장은 언뜻 투박해 보이지만 조명 처리가 매우 정교하다. 표면은 구조적 목적으로 생긴 수평 보들이 그대로 가로세로로 일정한 간격으로 노출되어 있고 그 사이의 빈 공간에 조명을 설치했는데, 인공 광원이라는 느낌을 주지 않고 자연광과 같은 효과를 얻기 위하여 반투광판을 설치하여 간접 조명으로 처리했다. 또 일부의 칸에는 아예 자연광을 그대로 끌어들여 일체감을 더 크게 했다.

필드 쪽으로 나가는 현관 앞의 바닥 패턴, 인공의 돌바닥이 자연을 향하여 점점이 흩어지는 모습을 보여 준다.

〔花Flower〕-6-5

길을 일러 주는 화강암 바닥재 ○ 이 집의 두드러진 디테일은 돌 작업에서도 보인다. 현관 앞의 승하차 장소와 중앙 로비, 그리고 각 공간으로 이어지는 통로와 필드로 이어지는 안쪽 출입구 현관의 앞까지 일관되게 화강암의 거친 마감재로 바닥을 처리하였다. 바닥은 공간의 전체 분위기를 결정하는 가장 기본적인 수단이며 신체와 직접 접촉하는 유일한 건축 면이다. 더욱이 좌식의 생활 양식을 유지하는 우리 나라 사람들에게 바닥은 온 몸의 경험이 깃든 가장 익숙한 건축 면이라고도 할 수 있다. 청소와 관리의 어려움에도 불구하고 전면 출입구로부터 필드 쪽 출입구까지 계속해서 하나의 바닥 패턴을 유지한 것은 이와 같은 우리 신체의 감각과 기억을 잘 이해하고 있기 때문이다. 눈이 날카로운 사람이라면 필드로 나아가는 부분에서 화강석 돌들이 점점이 사라지고 자연으로 분산되는 것을 발견할 수 있을 것이다.

여러 개의 작은 집들이 모여 하나의 마을을 이룬 모습이다.

〔花 Flower〕-7-1

클럽하우스와 공항 ○ 도착하여 현관에서 짐을 맡기고, 그 사이 승객은 간단한 수속을 거친 후 게이트를 거쳐 자기 짐이 실려 있는 다른 차로 옮겨 타고 새로운 장소로 떠나는 클럽하우스는, 그러고 보면 공항과 닮았다. 다른 점이라면 그 사이에 옷을 갈아입는다는 점 정도일 것이다. 여행을 위한 복장으로 갈아입는 이 간단한 의식도 굳이 비유하자면 지루한 보안 검사와 출입국 심사의 과정으로 볼 수 있지 않을까. 공항이 그렇듯 클럽하우스는 두 개의 현관을 갖는다. 하나는 일상과 이어지는 통로이고 다른 하나는 비일상과 이어지는 통로다. 일상과 이어지는 입구는 새로운 출발을 위한 것이고 비일상과 이어지는 현관은 귀환을 위한 것이다. 출발과 귀환은 사실 모든 문이 갖는 본질적인 양면성이다. 그러므로 공항이나 클럽하우스는 그 문이 조금 뚱뚱해지면서 그 안에서 간단한 행위가 일어날 수 있는 공간을 마련한 큰 문간으로 볼 수도 있다.

〔花Flower〕-7-2

앞뒤 두 개의 얼굴을 갖는 클럽하우스 ○ 클럽하우스가 가진 앞뒤 두 개의 정면은 서로 다른 기대를 낳는다. 새로운 출발을 위한 앞의 현관은 그 너머에 존재하는 미지의 세상을 감춘 듯 드러내지 않는 신비감과 기대감을 준다면, 귀환을 위한 뒤쪽 현관은 여정을 마치고 돌아오는 자들을 환영하는 따뜻함을 지닌다. 똑같이 양쪽으로 팔을 벌린 듯한 형태를 띠고 있지만, 진입부 쪽의 현관 좌우는 작은 창만 뚫려 있을 뿐 벽으로 막혀 있고, 필드 쪽의 현관 부분은 넓은 유리창으로 가득하여 이 곳이 진정한 정면임을 드러낸다. 필드에 나가 운동하는 사람들은 코스의 중간중간 지점에서 클럽하우스의 정면을 보면서 돌아갈 자리를 확인하고 안도감을 갖게 되는 것이다. 외부에서 접근할 때는 잘 인식할 수 없지만, 필드에서 보면 클럽하우스의 전체 형태는 기대 이상으로 옆으로 길다. 이는 관리 부서에서 사용하는 부속 시설이 옆으로 길게 이어져 있기 때문인데, 이 덕분에 클럽하우스는 나가고 들어오는 네 개의 홀을 모두 막아서는 병풍과 같은 배경막이 된다.

필드 쪽에서 바라 본 클럽하우스.
옆으로 길게 늘어선 클럽하우스는 코스의 북쪽 변을 모두 막아서서 귀환을 환영하는 병풍과 같은 배경막이 된다.

〔花Flower〕-7-3

필드와 함께하는 클럽하우스 ○ 그렇다면 이제 클럽하우스의 정면이 어디인지는 좀 더 뚜렷해진다. 클럽하우스에 차를 타고 진입하면서 맞게 되는 바깥쪽 입구는 비스듬한 입면만을 제공하지만, 필드에 나가고 들어오면서 보게 되는 안쪽 현관은 필드와 어울려서 하나의 풍경을 만들어낸다. 바깥쪽 입면이 겨우 주차장과 마주하는 데 비하여 안쪽 입면은 골프장의 주인공인 필드와 함께한다는 점을 생각하면 당연한 일이다. 그러므로 이 곳에서 클럽하우스는 필드의 북쪽 변 전체를 가로막고 서서 남향의 넓은 면을 당당히 차지한다. 좁고 길게 배열되어 있는 코스의 설계와 맞물려 그렇게 되었겠지만, 여기에서처럼 클럽하우스가 필드의 전체를 관장하고 압도하는 예를 다른 곳에서는 보기 어렵다.

〔花Flower〕-8-1

될 수 있으면 자연 그대로 ○ 360° 컨트리클럽은 퍼블릭 코스다. 회원, 비회원의 구분이 없이 누구나 이용할 수 있도록 공개된 장소다. 이곳을 드나드는 사람들은 대개 주말 골퍼들로서 자연과 운동이라는 가장 원초적 결합을 통하여 도시의 인공적이고 사무적인 일상을 벗어나기를 기대한다. 도심 호텔을 연상시키는 떠들썩한 모임이나 우쭐한 과시가 아니라 자연 속의 휴식과 위로를 제공하는 것이 당연하다. 이 집이 그들을 위한 것이라는 점은 모든 허위와 인공과 가식을 억제하고 진실과 자연과 본심을 부각하는 데서 잘 드러난다. 덩어리를 이루는 것들은 모두 장식을 최대한 억제한 입방체이고, 그마저 면들을 이리저리 조립하여 만든 상자와 같다. 벽과 바닥과 천장을 이루는 면들은 모두 페인트조차 따로 칠하지 않은, 재료 그대로의 날것들이다.

〔花Flower〕-8-2

보이는 집, 보는 집 ○ 이 집에서 오히려 화려한 것은 각 덩어리들 사이에 뚫린 작은 마당들과 그 안에 가득한 빛과 바람과 작은 풀들이다. 벽면에 떨어지는 그림자의 움직임과 바닥에 누워 있는 잔풀들의 잎사귀다. 전면의 창에 가득한 하늘과 산과 들판이다. 이 집은 자신을 낮춤으로써 대상을 돋보이게 하는, 풍경을 바라보는 관람석과 같다. 코스의 중간에 있는 그늘집도 그러하다. 형태도 재료도 다르지만 그것이 자리한 모양새나 앉아 바라보는 풍경은 전통의 정자와 닮았다. 정자가 그러하듯 여기서도 그늘집 자신은 앉을 자리를 제공할 뿐이다. 이 곳의 주인공은 앉았을 때 바라보이는 풍경이다. 잠깐이지만 화장실에서 올려다보는 천창 위의 하늘은 가장 사적인 공간에서조차 자연을 담을 수 있음을 알려 준다. 수백당에서도 쓴 수법으로 이젠 하늘이 뚫린 화장실은 그의 마니에르가 되었다.

다시 출발이다! ○ 공항이 잘 짜여 돌아가는 기계와 같은 효율성을 우선해야 하는지, 아니면 만남과 이별의 장소로서 감수성을 우선해야 하는지는 건축가들의 오랜 숙제 가운데 하나다. 출발과 도착의 장소이자, 관습으로 정착된 절차와 의식이 있다는 점에서 공항과 클럽하우스는 같은 질문을 마주한다. 이 집은 단 10센티미터의 넘침이나 부족함이 없을 정도로 정교하게 짜인 공간 구성 계획 위에 비움을 통하여 채우고 성찰을 통하여 현실을 새롭게 바라보게 하는 정신의 미학을 아울러 갖추었다. 이 집이 좋은 건축이 되는 까닭 역시 단순한 조형미에 그치지 않고 정교한 효율성과 지향하는 바의 윤리성을 아울러 갖추고 있기 때문이다. °

글쓴이 **전봉희** ○ 서울대에서 건축학을, 같은 대학원에서 한국 건축 역사 연구로 박사 학위를 받았다. 현재 서울대 건축학과 교수로 재직 중이며 건축사연구실을 이끌고 있다. 한옥의 아카이브 구축과 한옥의 현대화뿐만 아니라 중국, 일본, 베트남 등 동아시아 여러 나라에서 현지 조사와 프로젝트들을 수행해 왔다. 한국 고건축과 근현대를 넘나들며 다양한 연구 논문을 발표하고 있다. 지은 책으로 『중국 북경 가가 풍경』, 『한국 건축의 유형학적 접근, 3칸×3칸』, 옮긴 책으로 『서양 목조 건축』 등이 있다.

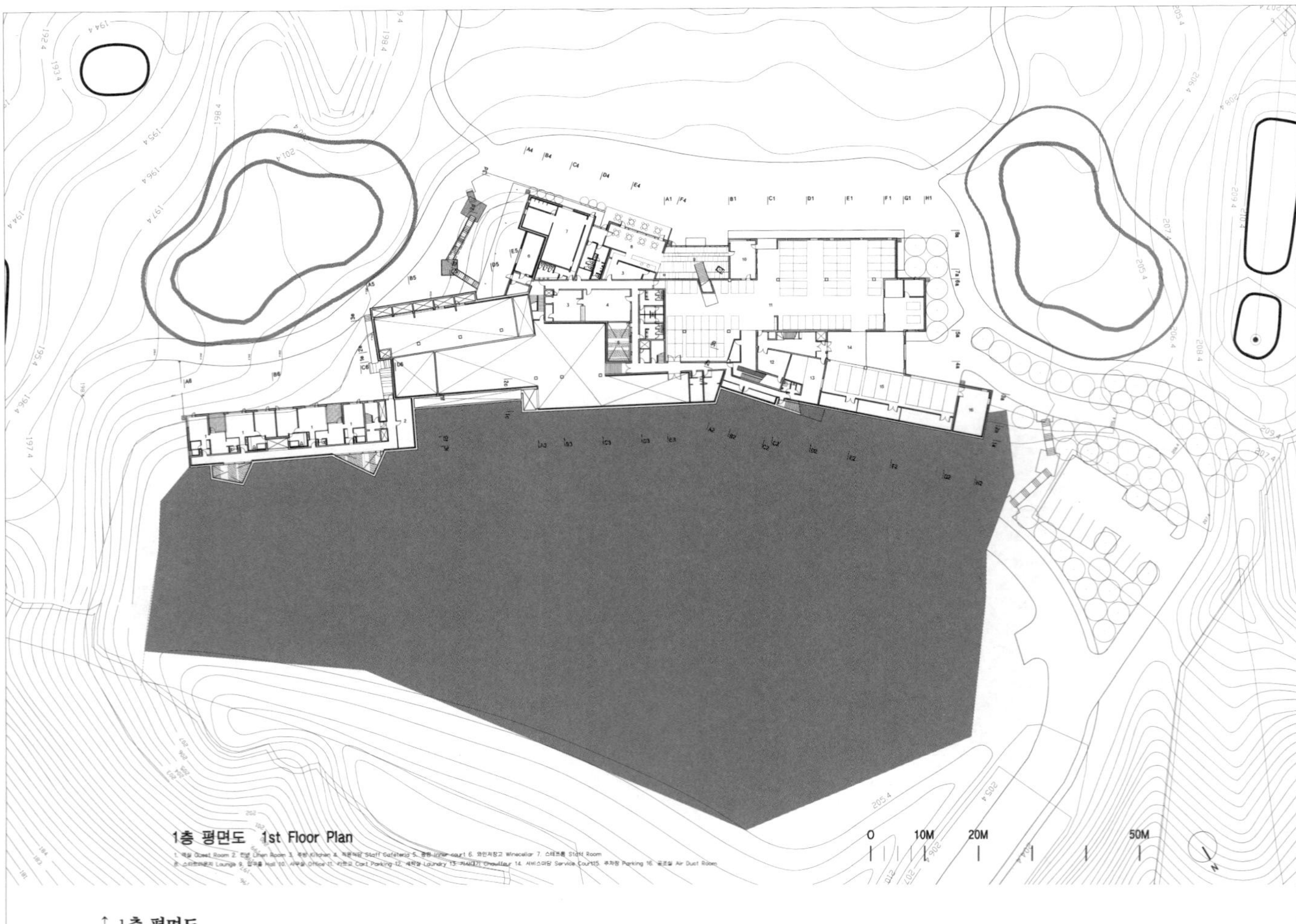
1층 평면도 1st Floor Plan
1. Guest Room 2. Linen Room 3. Kitchen 4. Staff Cafeteria 5. Inner court 6. Winecellar 7. Staff Room
8. Lounge 9. Hall 10. Office 11. Cart Parking 12. Laundry 13. Chauffeur 14. Service Court 15. Parking 16. Air Duct Room
0 10M 20M 50M

↑ 1층 평면도.

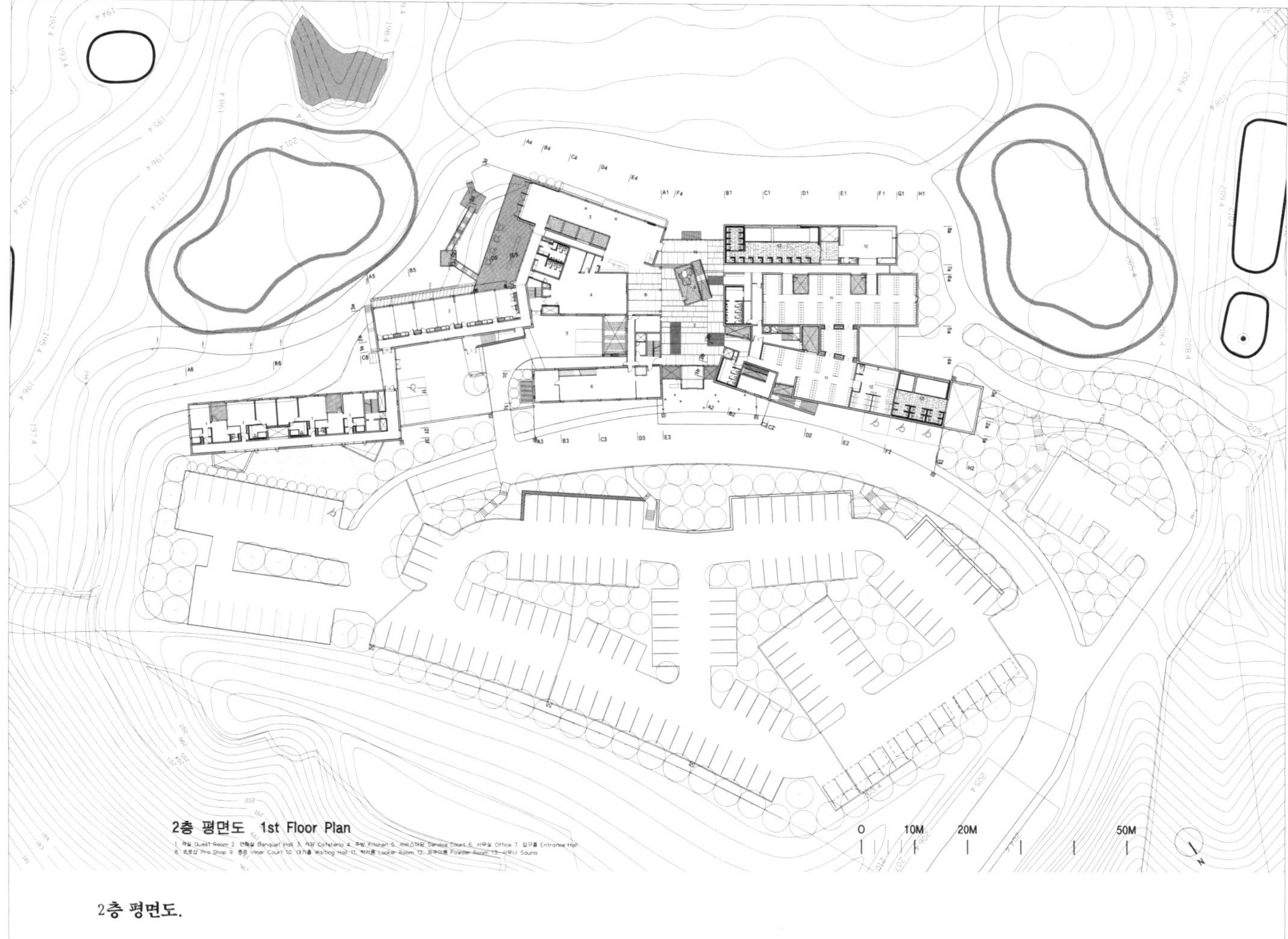
2층 평면도 1st Floor Plan
1. 객실 Guest Room 2. 연회실 Banquet Hall 3. 식당 Cafeteria 4. 주방 Kitchen 5. 서비스마당 Service Court 6. 사무실 Office 7. 입구홀 Entrance Hall
8. 프로샵 Pro Shop 9. 중정 Inner Court 10. 대기홀 Waiting Hall 11. 락커룸 Locker Room 12. 파우더룸 Powder Room 13. 사우나 Sauna
0
10M
20M
50M
N

2층 평면도.

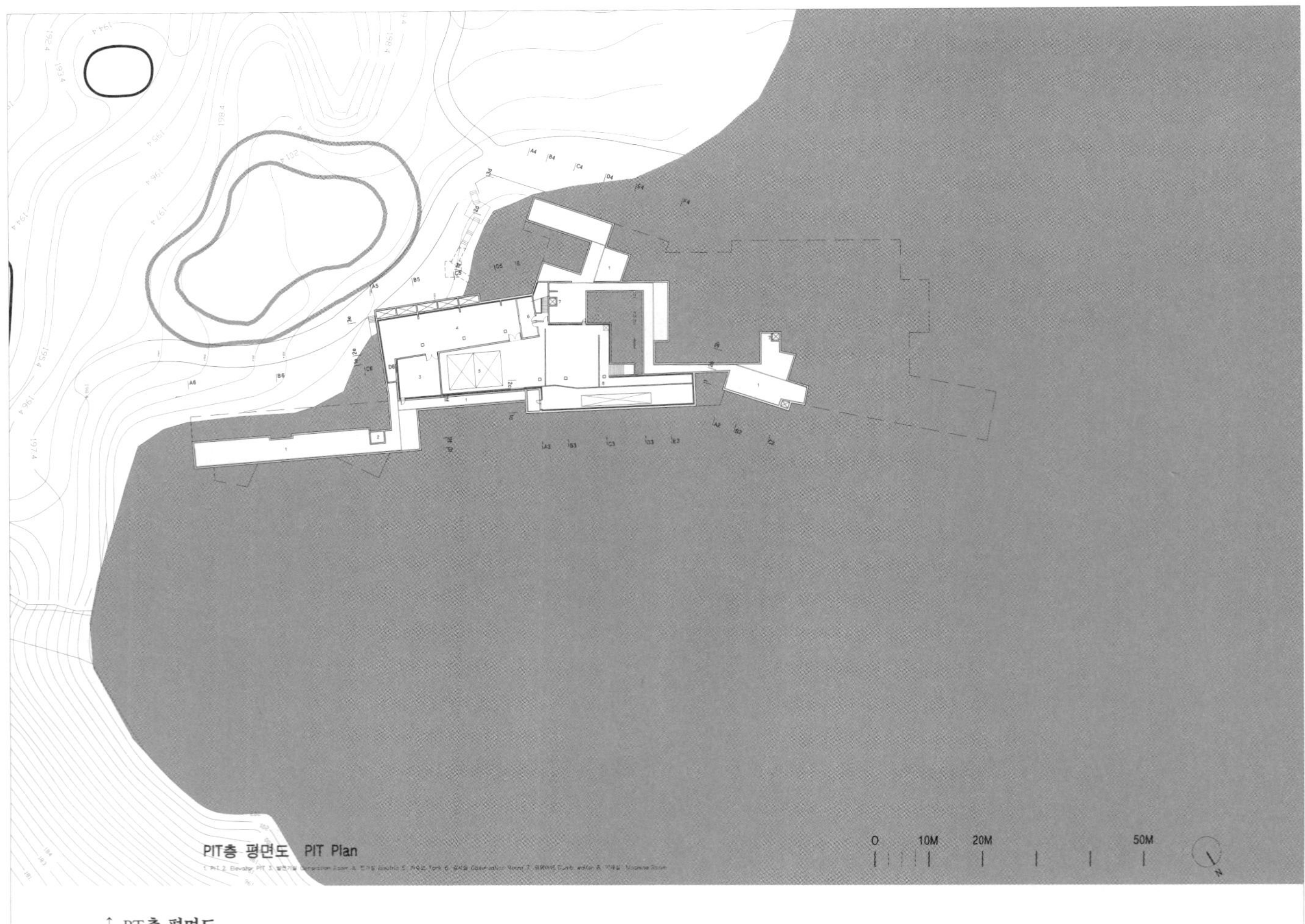

↑ PT층 평면도.

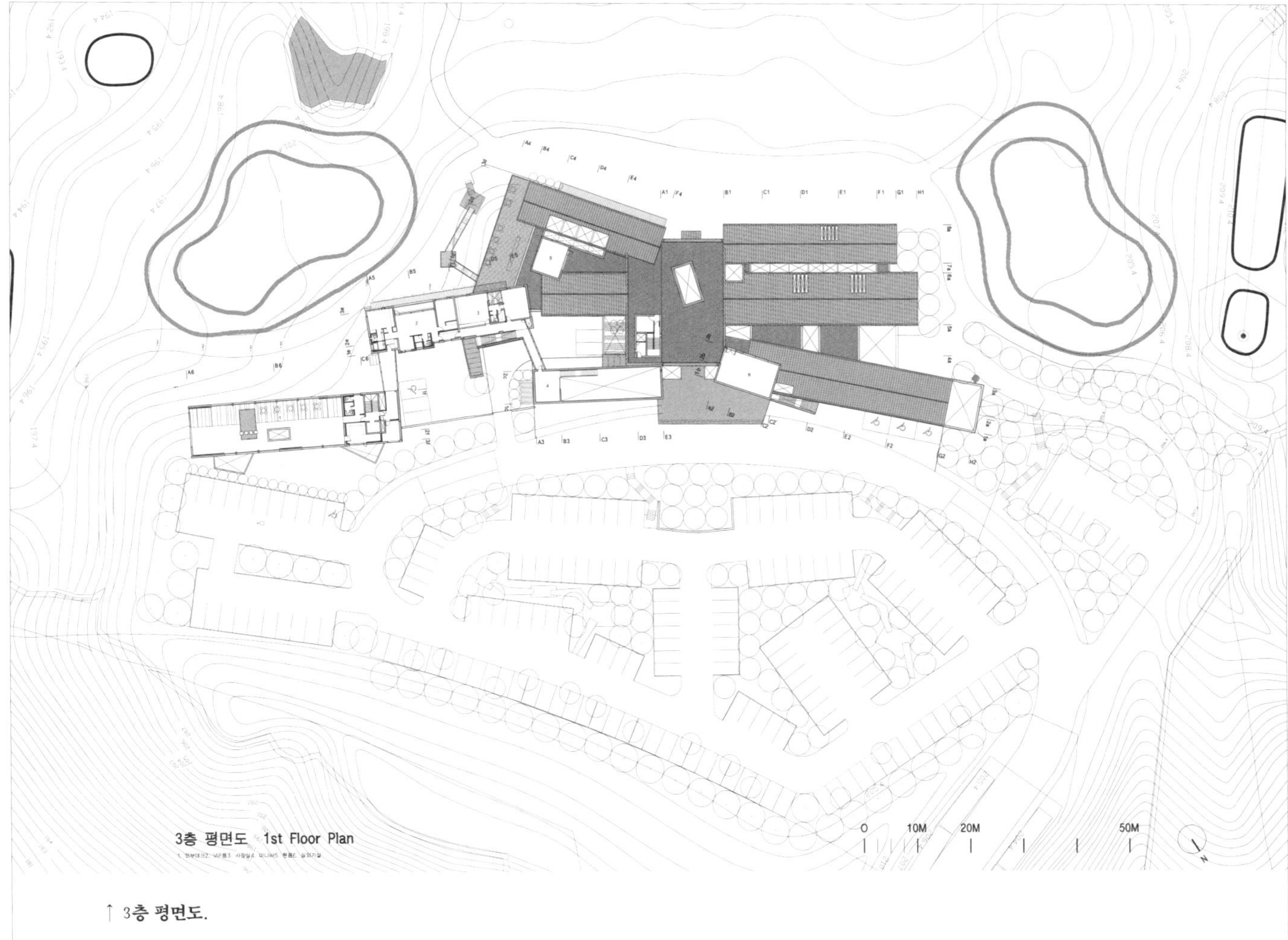

↑ 3층 평면도.

EARTH
WATER
FLOWER
WIND
360
COUNTRY CLUB

[風Wind] 360° Country Club

The Dramatic Moment to meet Nature

○It sounds quite strange to hear people saying, "Seung Hyo-Sang has built a golf course." ○ "This is the first time to build a clubhouse actually, but I have designed twice before. Though both fell through at the end, let's say, I have experienced many field investigations to the golf courses in Japan, Australia and U.S. during early 90's. I don't play golf, yet I think I have close views to the true golf itself. I know how golf courses in Korea are far from the nature of golf. If the problems are to be fixed through architecture, I thought I could be some help."

○ Golf courses have lines; the line of well-trimmed grass and the grass covering around the bunker, the line of flying ball... As visiting the place for the first time, I tried to imagine how those lines could meet Seung Hyo-Sang's lines in your architectures. How about your first visit there? ○ "My first visit was before they flattened the mountain. I do fear and hate to transform the whole natural geography, and at the site they were planning to flatten the mountain. I couldn't help it since I joined after they had finished all the course designs and already started the lake construction. Yet the surrounding scenery was so beautiful."

○ What came into your mind? ○ "Freedom"

○ And what if you have to build something on it... ○ "I thought it should meet Nature dramatically. Not those tasteless encounters but the long-hidden beauty suddenly spreading out to touch the heart dramatically. I thought I should make something meet this beautiful nature that way, and that is what I have to do while designing the clubhouse. The clubhouse could be the first impression on the golf course, thus I should make it as a gateway through which people meet Nature, not a golf course itself.

○ I find something, let's say 'boyishness', from what Seung Hyo-Sang created. It looks simple at a glance, yet suddenly reveals unexpected steep stairways, to become a good place for hide-and-seek. ○ "Yes, it's dynamic. We call it space in architecture. The architecture design is designing a space, not a visual device. It sets a space and then creates the space with walls and roofs. Often, the eye-catching odd architectures contain very plain interior spaces. The architecture created with the superficial and unusual materials to daze people could be popular, yet never to be good architecture. Good architecture is something that enriches our sentiment. And that rich sentiment comes from the space. It's a drama made with experiencing various spaces. This is the way I design, which I showed for sure through this clubhouse.

Seung, H-Sang ○ Born in 1952, studied at Seoul National University and at Technische Universitaet in Wien. Worked for Kim Swoo Geun from 1974 to 1989 and established his office 'IROJE architects & planners' in 1989. He was a core member of '4.3 Group' which strongly influenced Korean architectural society, and participated in founding 'Seoul School of Architecture' for a new educational system. He is the author of *Beauty of Poverty*(1996 Mikunsa), *Architecture, Signs of Thoughts*(2004 Dolbegae), *Landscript*(2009 Yoelhwadang) and *Graveyard of Roh Muhyun*(2010 Nulwa), and was an Visiting Professor of North London University and taught at Seoul National University and at Korea National University of Art. His works are based on his own critical concerns on Western culture of the 20th century whose subject is 'beauty of poverty'. He won various prizes with his practice and works, and was the coordinator for 'Paju Book City'. The America Institute of Architects invested him with Honorary Fellow of AIA in 2002 and Korea National Museum of Contemporary of Art selected him as 'the artist of year 2002', first time for an architect and had a grand solo architecture exhibition. He, gained world-wide fame as architect with his architectural achievements and through various international exhibitions like at U-Penn, at Gallery Ma in Tokyo, at Aedes Gallery in Berlin, has spread out his architectural field over Asia and Europe. In 2007, Korean government honored him with 'Korea Award FOR Art and Culture', and he was commissioned as director for Gwangju Design Biennale 2011 after for Korean Pavilion of Venice Biennale 2008.

〔風Wind〕 느티나무 아래, 소년의 이마에 부는 바람

〔360도 컨트리클럽 클럽하우스〕

건축가 승효상 인터뷰

건축가 **승효상** ○ 1952년생. 서울대학교를 졸업하고 비엔나 공과 대학에서 수학했다. 15년간의 김수근 문하를 거쳐 1989년 이로재(履露齋)를 개설했다. 한국 건축계에 신선한 바람을 일으킨 4.3그룹의 일원이었으며, 서울건축학교를 설립하는 데 참가하기도 했다. 저서로 『빈자의 미학』(1996 미건사)과 『지혜의 도시 지혜의 건축』(1999 서울포럼), 『건축, 사유의 기호』(2004 돌베개), 『지문』(2009 열화당), 『노무현의 무덤—스스로 추방된 자들을 위한 풍경』(2010 눌와) 등이 있다. 1998년 북런던 대학의 객원 교수를 역임하고 서울대학교에 출강했으며, 한국예술종합학교에서 가르친 바 있다. 20세기를 주도한 서구 문명에 대한 비판에서 출발한 '빈자의 미학'이라는 주제를 그의 건축의 중심에 두고 작업해 왔다. 김수근문화상, 한국건축문화대상 등 여러 건축상을 수상했다. 파주출판도시의 코디네이터로 새로운 도시 건설을 지휘하던 그에게 미국건축가협회는 Honorary Fellowship을 수여했으며, 건축가로는 최초로, 국립현대미술관에서 주관하는 '2002 올해의 작가'로 선정되어 〈건축가 승효상 전〉을 가졌다. 미국과 일본 유럽 각지에서 개인전 및 단체전을 가지면서 세계적 건축가로 발돋움한 그의 건축 작업은 현재 중국 내의 왕성한 활동을 포함하여 아시아와 미국, 유럽에 걸쳐 있다. 한국 정부는 그의 한국 문화 예술에 대한 공헌을 기려 2007년 대한민국예술문화상을 수여했으며, 2008년의 베니스 건축 비엔날레 한국관 커미셔너, 2011년에는 광주디자인비엔날레의 총감독으로 선임되었다.

〔風Wind〕-00 초봄 맑은 날 360도 클럽하우스에 다녀왔고, 목련이 한둘 지던 날 선생을 뵈었다. 대학로 언덕배기 '이로재'에 다다르자 가볍게 숨이 찼다. 사무실에선 슈베르트가 나오고 있었는데, 라디오였다. 차가 뜨거워서 식도록 뚜껑을 열어 두었다.

〔風Wind〕- 01 승효상이라는 이름에는 어떤 고요함이 고여 있습니다. 비록 승효상이 지은 곳에 들어가 보지 않았다 해도 막연히 모호하게나마 느낍니다. 하필 그런 선입견으로부터 "승효상이 골프장을 지었대."라는 말은 꽤나 낯선 얘기로 들립니다. ○ 클럽하우스를 실제로 지은 건 이번이 처음이지만 설계는 두 번 한 적이 있습니다. 모두 불발로 끝이 났는데, 글쎄요, 골프의 세계에 대해서는, 저는 골프를 치진 않지만 이미 알고 있는 편이었고, 1990년대 초에 일본이나 호주나 미국에 있는 골프장을 많이 답사했습니다. 그래서 골프의 정확한 실체에 근접하는 의견을 갖고 있다고 생각해요. 우리 나라 골프장이 얼만큼 골프의 본체와 어긋나 있나 하는 점도 알고 있고요. 골프라고 하는 게 우리의 환상 혹은 잘못된 선입관과는 다른 쪽이 있고, 그걸 혹시 건축을 통해서 고칠 수 있다면, 건전한 내가 뭔가 도울 수 있지 않을까 하는 생각도 있었죠.

〔風Wind〕- 02

승효상이 만들면 이렇게 다르다, 라는 측면이겠지요? ○ 네, 가장 인상적인 골프장이 하나 있었습니다. 호주 골드코스트라는 곳에 있는 어느 골프장인데, 클럽하우스 건물이 마치 창고 같았어요. 동네 사람들이 가서 아무렇게나 옷 갈아입고, 적당히 자기 가방 갖다 놓고, 자기가 싣고 온 골프채로 골프 치고, 골프장 옆으로는 주택들이 즐비하고요. 골프장이 마치 마을에 있는 골목을 거니는 듯한 기분이었습니다. 이게 아주 일상인 거죠. 골프라는 게 주말에 특별히 시간을 내서 하는 게 아니고 그저 일상으로. 이런 게 골프여야 한다는 생각을 그 때 했습니다. 우리 나라에서는 골프가 너무 다른 쪽으로 발달이 되어서, 물신 같이 얽매여서, 형태도 그렇고 행태도 그렇고 본래의 골프 정신하고는 어긋나 있다고 판단했죠. 그런 골프장이 아닌 골프장을 만드는 게 좋겠다고 생각을 했고, 두 번 골프장을 설계할 때마다 그런 식으로 접근했어요. 그게 불발로 끝났다가 이번에 아주 좋은 건축주와 골프장 설계자를 만나서, 이건 한번 해 볼 만하다 싶어서 했죠.

〔風Wind〕- 03 골프장에는 어떤 선들이 있습니다. 잘 다듬어진 잔디가 보여 주는 선이며 그것이 벙커의 둘레를 감싼 선이며, 공이 날아가는 선이며…. 처음 그 곳에 가면서, 그런 선이 승효상의 건축적인 선과 만나는 지점을 떠올려 봤습니다만, 선생님은 처음 그 곳에 가셨을 때 어떠셨나요? ○ 맨 처음에 갔을 때는 산을 깎기 전이었어요. 제가 두려워하고 굉장히 싫어하는 게 자연 지형을 완전히 개변시키는 그런 상태인데, 맨 처음 본 도면과 다르게 현장을 보니까 굉장히 차이가 있어서, 산이 깎여 나간다고 하더라고요. 제가 개입한 시점은 불행히도 골프장 설계가 끝나고 호수 공사 도중인 때라서 한계가 있었죠. 그렇지만 주변의 경관은 대단히 아름다웠습니다. ○ 어느 계절이었나요? ○ 늦가을이었습니다. ○ 산이 뿜는 기운이 굉장히 진할 때. ○ 네, 대단히 아름다웠어요. 우리 나라 산들이 그렇잖아요. 실루엣만으로도 여지없이 아름답죠. 거기를 가려면 한 시간 이상 차를 타야 하는데, 한 시간 가서 차를 타고 올 사람들에게 충분히 가치가 있는 그런 경관이 아닐까 생각했어요.

〔風Wind〕-04 무엇을 떠올리셨나요? ○ 자유. ○ 거기에 뭔가 지어야 한다면…. ○ 자연과 극적으로 만나야 한다고 생각했죠. 밋밋하게 만나는 게 아니라 드라마를 써서 철저히 감추다가 갑자기 펼쳐지면서 느끼게 되는 그 감격. 이 아름다운 자연을 굉장한 구상 속에서 만나게 해야 한다는 생각이 들었고, 그게 클럽하우스가 담당해야 할, 내가 이루어야 할 몫이라는 생각을 했죠. 클럽하우스는 골프장에 대한 첫인상일 거니까, 모든 사람들에게 골프장 자체가 아니라, 자연을 만나게 하는 장치로서의 클럽하우스가 필요하다는 생각을 했죠.

〔風Wind〕-05 모든 땅엔 '터무니'가 있다는 아름다운 말씀을 하셨지요. ○ 근데 이번엔 땅의 일부를 깎았으니까 터무니는 없어져 버렸죠. 그런 운명에 속하게 된 거죠. 근데 저는 근거가 없으면 작업을 못하니까 어디서 근거를 찾을까 하다가, 우리가 가지고 있는 기억 속에서 찾았습니다. 보편적인 기억일 수도 있고 특별한 기억일 수도 있는데, 보통 골프 치는 사람들이란 도시에 사는 사람들이잖아요? 뭔가 자연과 도시의 고리가 되는 몇 가지 매개 장치를 근거로 하면 어떨까, 그런 생각을 했어요. 예컨대 귀소적 본능을 해결시켜 주는 공간이라든가, 자기 어릴 적의 고향 마을이라든가, 자기가 좋아했던 아주 작은 공간이라든가, 이런 것들을 갖다가 이것의 근거로 삼으면 어떨까 그런 생각을 해 볼 수가 있었죠.

승효상이라는 이름에서 고요함을 느낀다고 했습니다만, 사실 승효상이 지었다는 건물에서 저는 '소년다움'을 느끼기도 합니다. 얼핏 단순해 보이지만 갑자기 가파른 계단이 나온다든지, 뜻밖의 곳에 빈 공간이 나온다든지, 말하자면 숨바꼭질 하기에 너무 좋은 곳이랄까요? ○ 네, 다이나믹하죠. 건축적으로는 그런 걸 공간감이 풍요롭다고 하게 되는데, 공간의 설정 자체가 나름의 세계를 갖는 겁니다. 실은 건축 설계라는 게 공간에 관한 설계지, 시각적인 장치가 아니거든요. 공간을 설정하고 나서 그 공간을 구축하기 위해서 벽을 올리고 지붕을 막는 거죠. 그런데 유별나게 보이는 건축들이 내부에 들어가 보면 공간은 그냥 상투적인 경우도 많죠. 껍질만 가지고, 재료만 가지고 요란하게 만들어서 사람들 현혹시키는 그런 건축은 유명한 건축은 될 수 있어도 좋은 건축이 되기는 힘들어요. 좋은 건축이라는 건 우리가 가지고 있는 감성을 풍요롭게 만드는 거니까. 그런 풍요로운 감성은 공간에서 비롯되거든요. 다양한 공간을 경험함으로써 얻게 되는 드라마니까, 그런 드라마를 공간으로 쓰는 거죠. 그게 제가 건축하는 방식이고, 이번 클럽하우스에서도 여지없이 드러나죠.

〔風Wind〕-07 클럽하우스로 들어서자마자 전면 풍경이 보입니다. 하지만 유리로 된 중정을 건너서 보이지요. 마을로 치자면 큰 나무가 있는 곳이겠지요? ○ 네, 맞아요. 로비라고 하는 공간은 광장이나 마찬가지인데, 골프장 전경이 직접적으로 다 보이게 하기가 싫어서, 뭔가를 슬쩍 은유적으로 보이거나 상상하게 만들고 싶었어요. 그렇게 해서 기대감을 크게 만들려고 했어요. 골프장 간다고 하면 얼마나 기대가 많겠어요. 내가 오늘 어떻게 골프를 칠 것인가, 첫 인상이 굉장히 중요하겠죠. 그래서 그 기대감을 증폭시켜 주는 거죠. 만약에 그 가운데에 유리로 된 정원이 없으면 공간의 긴장감이 전혀 안 들 겁니다. 그게 들어섬으로써 각 부분이 독립된 구성을 갖게 되고, 그것으로 인해서 많은 상상을 유발시키게 되죠. 어떻게 생각하면 중심추라고 볼 수도 있고요. 말씀하신 것처럼 마을의 당산나무의 구실을 하는 것일 수도 있고요. 여러 가지 구심점이 됐던 거 같아요.

〔風Wind〕-08 그러고 나서 이끌리듯이 풍경으로 다가가게 되는데요. 골프장 전경이 약간 내려다보이는 구조입니다. ○ 두 계단 내려가 있죠. 시선의 연결 면에서 편안하게 다가오도록 한 거죠. 그 부분이 중간 연결이에요. 골프장과 로비를 연결하는 거죠. ○ 그 곳이 주는 편안함은 돌아와서도 문득 다시 생각날 정도였습니다. 거기에 직접 디자인하신 의자를 두셨지요? ○ 가구를 다 기성품으로 썼는데 그건 하나밖에 없는 의자지요. 그건 내가 디자인 하겠다고 했어요. 너무 모던하지도 않고 클래식하지도 않고. 앉는 사람 없이도, 그 곳에 맞는 형태만으로도, 여기선 앉아서 쳐다보는 것이라는 걸 알 수 있는 형태로 디자인했는데, 성공했는지는 모르겠어요.

〔風Wind〕-09

마을의 당산나무 밑엔 항상 의자들이 있지요. 어른들이 모여서 장기를 두시거나, 두런두런 채소를 다듬거나, 그저 앉아 있거나 하는 의자들을 보면, 비어 있어도 참 따뜻해요. ○ 맞습니다. 그런 느낌을 위해 의도된 장치죠. 그래서 그 의자는 제가 디자인 했어야만 하는 것이죠. ○ 그런 풍경을 보고 나서 갑자기 계단을 쑥 내려가야 필드로 연결이 됩니다. 그런 반전이 바로 승효상 건축의 '소년다움'이라고 생각해요. ○ 다른 공간으로 이동한다는 확실한 신호를 보내 주는 거죠. 여기 이로재 제 방에 내려올 때도 계단이 가파르잖아요. 함부로 걸으면 안 되겠구나, 그런 공간의 전이에 필요한 어떤 걸 만드는 장치죠.

〔風Wind〕- 10 　　　　　　　선생님은 어떤 소년이었나요? ○ 아, 어릴 때는 골목을 제패했습니다.(웃음) 동네에 있는 애들을 전부 정리해 주는 게 제 몫이었죠. 부모님은 제가 판사가 될 줄 알았다고. ○ 지금처럼 이 묵직한 톤의 목소리로요? ○ 뭔가 항상 중재를 했습니다. 물론 호기심도 많았죠. 어릴 때 부모님 속 썩인 게 한두 가지가 아니니까요. ○ 어떤 집에서 사셨고, 어떤 집을 보셨을까요? ○ 피난민이었습니다. 일고여덟 가구가 한꺼번에 모여 사는, 마당이 굉장히 깊은 곳에 살았죠. 그게 저한테는 중요한 공간적 실마리를 준 셈이에요. 모여 사는 삶에 관한 일상, 확대하면 아름다움에 대해서. 여덟 가구가 살았는데, 마당에 우물 하나 화장실 하나 있으니까 아침마다 벌어지는 북새통이며, 낮에는 고요했다가 저녁에는 밥 짓느라 왁자지껄해지는, 그런 게 저한텐 굉장히 인상 깊죠. 또 집이 경사진 곳에 있었으니까 계단이나 난간을 뛰어다니다가 넘어지고 떨어지고 했던 경험이 풍경으로 뇌리에 남아 있죠. 그게 제 건축을 이루는 중요한 공간적 바탕이 되는 거죠.

〔風Wind〕-11 그러다 '건축'이라는 개념을 생각하신 건 언제인가요? ○ 건축과를 간 건 제 뜻이 아니었어요. 저는 신학을 하려고 했지만 집안에서 반대를 했죠. 누님 권유로 건축과에 가게 됐는데, 다행히 나한테 건축이 잘 맞았어요. 누님은, 그림도 잘 그리고 학교 성적도 좋으니 가라고 했지만, 그게 건축에 필요한 건 아니었다고요. 오히려 그림 잘 그리는 건 방해가 되는 거고, 건축은, 남의 삶을 바꿔 주는 작업이니까 인문학적 소양이 더 중요한 거죠. 남의 삶을 혁명시켜 주는, 건축을 통해서 온 사회를 혁명시킨 예도 많이 있었거든요. 그래서 건축이라는 건 지식인적인 작업이구나, 라는 걸 나중에 알게 되고, 그렇게 알게 되니까, 혼자 외딴 섬에 짓고 사는 집조차 자연과 더불어 사는 것이라는 걸 깨닫게 되었죠. 건축 속의 삶이라는 건 더불어 사는 삶이라고 할 수밖에 없는데, 그게 내가 어릴 때 자랐던 그런 환경하고 굉장히 일맥상통해서 건축이 가지는 공공적 윤리, 공공적 가치라고 하는 걸 인식하게 됐어요. 그래서 건축에 매료되었죠. 건축이 그냥 아름다운, 예쁜 집을 그려 주는 직업이라면 그렇게 매력있는 일이 아닐 겁니다. 건축은 항상 그 이상이라고 느끼죠.

〔風Wind〕-12 어떤 체험이 있으셨나요? ○ 1980년에 유학을 가서 비엔나에서 살았어요. 그 때 아돌프 로스(Adolf Loos, 1870~1933년)라는 건축가를 처음 알게 됐는데, 그 사람이 1910년에 비엔나에 '로스 하우스(Looshaus)'라는 걸 설계하거든요. 그 전까지만 하더라도 장식이 굉장히 많은 건물이 주류를 이루었는데, 20세기에 그런 건축은 맞지 않는다면서 "장식은 죄악이다"라는 말로 아주 단순한 건물을 지을 것을 선언하고 모더니즘을 만들게 돼요. 사회가 완전히 바뀌었죠. 그 전까지는 19세기 말의 예술이나 문화가 갈 길을 못 찾아서 자조적이고 관능적이고 퇴폐적인 미학에 빠졌을 때죠. 아돌프 로스라는 건축가가 모더니즘의 실마리를 제공하면서 시대가 구원을 받았거든요. 세계가 완전히 바뀌었죠. 건축이라고 하는 게 시대를 완전히 바꿀 수도 있구나, 하는 걸 그 때 처음 느꼈죠.

〔風Wind〕-13 클럽하우스로 들어서면서, 뭔가 전혀 다른 세계로 들어간다는 느낌을 갖도록 하신 것도 그런 차원이겠군요. 여담입니다만, 클럽하우스에 들어섰을 때, 음식 냄새가 나는 것도 인상적으로 느꼈습니다. '음식 냄새'라는 것에 대한 어떤 부정이 있지만, 당연히 동네 사람들이 모여 있으면 밥도 먹고 잔치도 하고 그러는 거 아닌가 싶었어요. 식당이 대번 파악할 수 있을 만큼 보인다는 점, 그리고 동선이 굉장히 짧다는 점, 또 다른 편안함이랄까요? ○ 골프를 알면, 식사 동선이 짧아야 하는 건 틀림 없어요. 빨리빨리 먹고 움직여야 하기도 하니까요. 음식 냄새를 일부러 풍기게 하자는 의도는 아니었지만, 식당이 저기다, 라는 걸 처음부터 보이게끔 하는 의도는 있었죠. 식사에 관한 욕구도 시각적으로 볼 수 있어야 한다는 것까지는 있었죠. 나중에 마치고 와서 저기서 밥을 먹겠다는 기대를 주는 거죠.

〔風Wind〕-14 클럽하우스는 사람들이 잠시 머물다가 가는 곳입니다. 아예 살면서 겪는 것과는 달리, "유명한 사람이 했다더니 이렇게 다르구나!" 느끼고는 곧 떠나는 곳이기도 하지요. 그렇게 봤을 때 가장 눈에 두드러지는 곳은 목욕탕이었습니다. 탕에 몸을 담근 채 통창으로 골프장 코스가 한눈에 들어오지요. "유명한 사람이 했다더니 이렇게 다르구나!" 하기에, 목욕탕은 과연 그런 곳이랄까요? ○ 골프 치고 목욕할 때 제일 기분 좋을 거예요. 성적이 좋았든 나빴든. 다 이루었다고 생각하고 긴장을 풀게 하니까요. 탕에서 코스가 전면적으로다 보이는데, 유일하게 기억을 주제로 한 공간이 거기겠죠. 그 날의 골프에 대한 생각들, 했던 말들, 뜨거운 물에 담그고 있으면 머릿속이 기억으로 꽉 차겠죠. 기억을 굉장히 정확하게 인식하도록 하기 위해 모든 것을 가장 단순하게 만드는 게 목표였어요. 헷갈리지 않도록 응답하는 곳이지요. 번잡한 그런 목욕탕이 아니라.

〔風Wind〕-15 선생님은 골프가 아니라 검도를 하시죠? ○ 사무실에 검도장이 있으니까요. 사범님이 오셔서 저희 사무실 전 직원과 아침마다 같이 하죠. 검도와 골프는 유사한 점이 있습니다. 우선 페인트 모션이 없다는 거죠. 공격할 때 상대를 속이는 동작을 하지 않아요. 검도는 페인트 모션을 쓰는 순간 얻어맞습니다. 바로 본질로 들어가는 게 검도의 성질이죠. 골프도 딱 그렇죠. 똑같이 막대기를 쓰기도 하고요. 저는 골프를 자주 치진 않지만, 몇 년에 한 번 혹시 치는 기회가 있어서 치면 잘 맞습니다. 방향이 엉망진창이라서 그렇지, 굉장히 멀리 나가요.

〔風Wind〕-16 검도의 지배적인 색감이라면 검정입니다. 그리고 승효상의 건축에도 그런 무표정한 색들이 있습니다. 검정색, 회색, 녹슨 붉은색. ○ 제가 색을 쓸 줄 몰라 가지고. ○ 그런 색들이 자연과 조화를 이룰 때 굉장히 이질적이면서도 뭐라 표현할 수 없는 동화를 봅니다. ○ 그런 색으로부터 자연이 돋보이도록 하는 것이죠. 색깔이 현란한 옷을 입으면 사람이 잘 안 보이는 것과 마찬가지로 화려한 건축으로는 자연이 잘 안 보입니다. 아예 건축이 배경이 되도록 하고 싶어요. 자연의 색감이 굉장히 잘 보이도록 하고 싶습니다. 그래서 일부러 그런 무채색을 씁니다. ○ 건축이 오히려 자연에 숨는 것일 수도 있겠네요. ○ 제 건축은 존재하지 않는 거니까. 없어져 버리는 거니까, 삶의 형태만 남는 거죠.

〔風Wind〕-17 그리고 여지없이 콘크리트가 드러납니다. ○ 콘크리트라는 재료는 로마인들이 만든 거니까 굉장히 역사가 오래됐습니다. 콘크리트라는 재료의 어떤 점을 좋아하느냐면, 무한한 크기를 만들 수 있는 특별한 재료라는 점에서 그렇습니다. 다른 재료는 쌓거나 엮다가 마음에 안 들면 해체할 수 있지만, 콘크리트는 한번 붓고 나면 해체할 수가 없어요. 어떤 의미에서 굉장히 진정성이 있는 거죠. 한번 거푸집을 떼고 나면, 그게 잘 쳤든 못 쳤든 쓸 수밖에 없어요. 그러려면 설계도 면밀해야 하고, 거푸집도 잘 돼야 하고, 공사도 세밀하게 해야 해요. 모든 과정에 굉장한 진정성을 요구하는 거죠. 함부로 하면 안 되는 거죠. 진정성이 있는 건축을 위해 콘크리트만큼 좋은 재료가 없다고 봐요. 과정 자체가 경건하다시피 하니까요. 그리고 콘크리트는 정직합니다. 그대로 드러나니까요. 이번에 송판을 거푸집에 댔는데, 송판 자체가 자연에 관한 거니까 그걸 그대로 노출시키잖아요. 기계적인 처리보다는 송판의 질감이 훨씬 더 필요했죠. 거기는 도시가 아니라 자연이기 때문에 매끈한 콘크리트보다는 약간은 거친 편이 더 어울릴 수 있다고 생각했어요. 그리고 콘크리트는 세월이 흐르면서 색깔이 변하지요.

〔風Wind〕-18 콘크리트의 색깔이 변하듯이 그 곳도 변해가겠지요? ○ 미래는 알 수가 없습니다. 미래는 사는 사람들이 만들어 나가는 게 미래니까요. 그 곳에 있는 사람들이 바꿔 나가야죠. 제 건축은 처음부터 끝까지 영구불변, 변하지 않아야 한다는 게 아니라, 사는 사람들이 바꿔 나가길 원하는 건축입니다. 그래서 처음에는 비교적 단순하게 만들어 놓죠. 거기에 덧대어서 칠을 하든 그림을 갖다 걸든 덧붙이든 그렇게 바꿔 나가라는 거죠. 저는 다시 그걸 즐기면 되죠. 가능하면 원형을 유추할 수 있을 정도로만 바꿔 나가는 게 좋다는 생각은 하지만, 미래는 아무도 모르죠. ○ 작업을 끝내시는 건 어떤 걸 잊는다는 뜻일까요? ○ 제 건축의 전체적인 맥락에서 보면 계속 스토리가 만들어져 나가는 건 틀림 없습니다. 건물의 종류가 달라졌고 장소가 달라졌고 시간이 달라졌지만, 하나하나로서 완결된 구조를 가지지 않으면 작업에 대한 예의가 아니죠.

〔風Wind〕-19 클럽하우스를 나오면서 주차장이 안 보인다는 점에 대해 생각했습니다. 같은 지상이지만 계단을 내려가야 하도록 지으셨죠? ○ 골프를 다 마치고 나와서도 자연만 보이도록 하고 싶었습니다. ○ 아직은 자작나무에 부목을 댄 모습입니다만, 그것들이 또 다른 숲을 이루고 바람에 흔들리는 계절이 오겠지요. 그러고 나면 건축도 또한 달라져 있겠고요. ○ 네, 그러길 바라는 거죠. ○ 요즘 중국에서 많은 작업을 하시는 걸로 압니다. 규모가 대단하다고 들었습니다. ○ 결국 마찬가지에요. 열 평짜리 집을 설계하나, 십만 평짜리 도시를 설계하나 스케일은 다르지만 우리가 모여 사는 삶의 형태라는 건 언제든 똑같다고 생각하니까 크게 다른 건 없어요. 도시적 스케일은 여러 가지 복잡한 문제가 많긴 많지만, 작은 집을 설계하다가도 큰 도시를 설계할 수 있어야 서로 사고가 유연하게 움직이면서 창조적인 생각을 할 수가 있지 않을까 합니다.

© JongOh Kim

〔風Wind〕-20 건축가는 클라이언트의 의뢰로부터 작업을 시작하지요. 그건 곧 "의뢰가 없다면?"이라는 질문과 닿기도 합니다. ○ 건축가에게 제일 중요한 건, 다른 사람들이 어떻게 사는가에 대한 공부입니다. 어떤 종류의 형태든 다른 사람의 집을 설계하게 되니까요. 사람들이 어떻게 사는가에 대한 관심이 많아야죠. 문학이나 영화를 많이 접해야 하는 이유죠. ○ 드라마는요? ○ 드라마는 매회 챙겨 볼 시간이 없어서요. 역사도 공부해야 하고, 궁극적으로 왜 사는지 알아야 하니 철학도 공부해야 되고, 인문학이야말로 건축가가 평상시에 공부해야 할 과목이에요. ○ 라디오를 틀어 놓고 계시네요. ○ 2시부터 5시까지 라디오가 참 좋습니다. ○ 어느 날 우두커니 라디오를 듣다가, 그 곳에 다시 가 볼 수도 있겠지요. 지금과는 다른 계절에, 다른 모습으로요. ○ 네, 저도 그랬으면 합니다. °

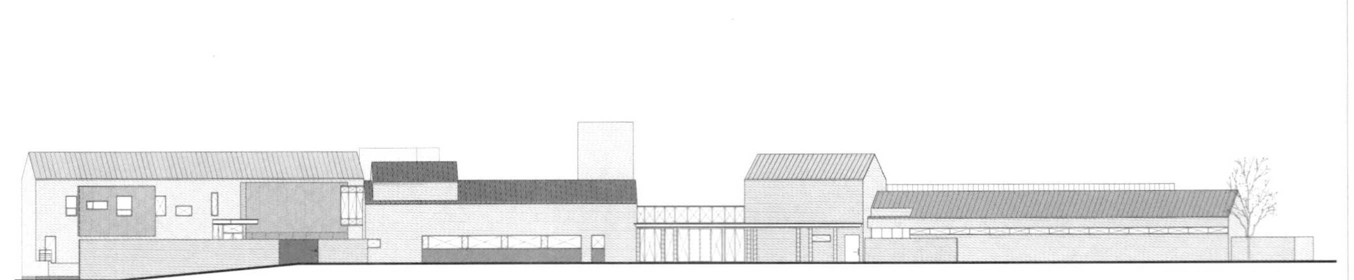

↑ 360도 컨트리클럽 클럽하우스 정면도.

↑ 360도 컨트리클럽 클럽하우스 배면도.

↑ 360도 컨트리클럽 클럽하우스 좌측면도.

↑ 360도 컨트리클럽 클럽하우스 우측면도.

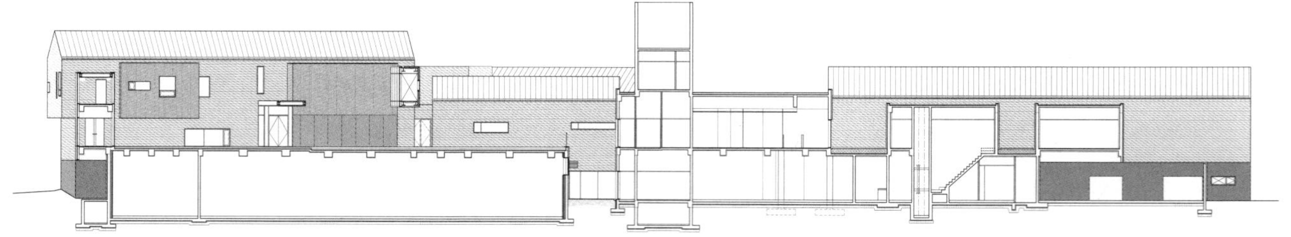

↑ 360도 **컨트리클럽 클럽하우스 횡단면도** 1.

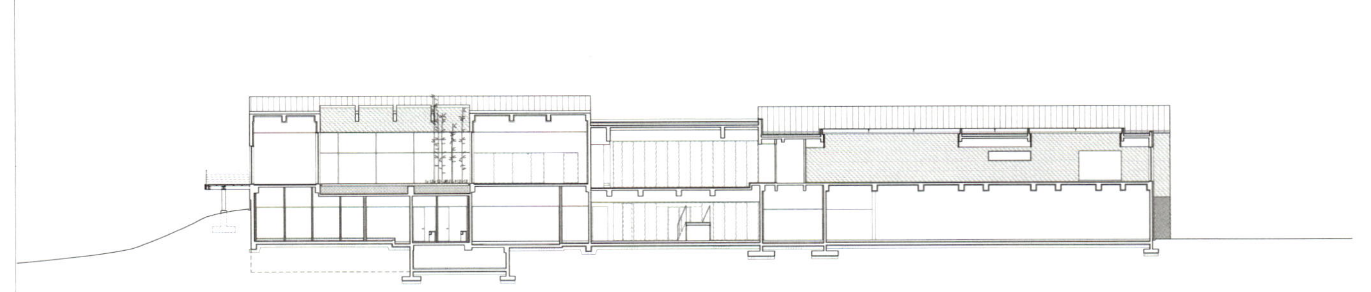

↑ 360도 컨트리클럽 클럽하우스 횡단면도 2.

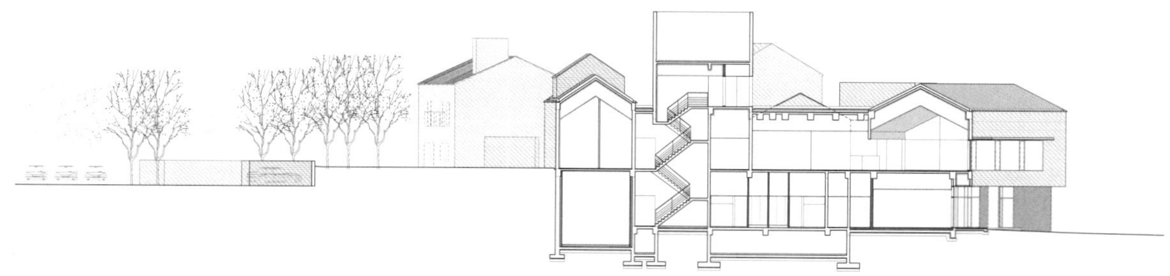

↑ 360도 컨트리클럽 클럽하우스 종단면도.

삼백육십도 이야기 | 승효상의 클럽하우스 만들기+360도의 퍼블릭 골프장 만들기

Produced & Published by Suryusanbang, 2012
초판 1쇄 발행 2012년 5월 14일

수류산방 樹流山房 **Suryusanbang** 〔등록 | 2004년 11월 5일(제300-2004-173호)〕
〔주소 | 서울 종로구 청운동 57-51〕〔**A.** 57-51, Cheongun-dong, Jongno-gu, Seoul, KOREA〕〔전화 | **T.** 02 735 1085〕〔팩스 | **F.** 02 735 1083〕
프로듀서 | 박상일 〔Producer | PARK Sangil〕
발행인 및 편집장 | 심세중 〔Publisher & Editor in Chief | SHIM Sejoong〕
크리에이티브 디렉터 | 朴宰成 〔Creative Director | PARK Jasohn〕
이사 | 김범수(편집), 박승희(마케팅), 최문석(연구) 〔Director | KIM Bumsoo, PARK Seunghee, CHOI Moonseok〕
편집 도움 | 민소연 〔Contributing Editor | MIN Soyeon〕
디자인팀 | 변우석 〔Design Team | BYUN Wooseok〕
출력 · 인쇄 | (주)대성출력(T. 02 2268 7478)

값 36,000원 〔ISBN 978-89-91555-30-3 03610〕 Printed in Korea, 2012

삼백육십도 이야기

Stories of 360° Country Club